从Scratch进阶到Python

基础篇

中国少儿编程网／编著

中国铁道出版社有限公司
CHINA RAILWAY PUBLISHING HOUSE CO., LTD.

内 容 简 介

书中以情景对话的形式，由浅入深、由易到难一步一步引领读者学习Python。每个章节对应的案例简洁明了，与实际生活相结合，具有典型性，并与国家计算机等级考试二级的Python试题相融合，每章涉及的考点知识都配有真题进行讲解。另外，书中还穿插了Python和Scratch的对比内容，并在每个章节后面提供一些练习题以便巩固所学的知识。

本书的阅读群体主要是中小学生，为Python编程入门提供相关的学习指引。

图书在版编目（CIP）数据

从Scratch进阶到Python. 基础篇/中国少儿编程网编著.—北京：中国铁道出版社有限公司，2021.4
ISBN 978-7-113-27584-6

Ⅰ.①从… Ⅱ.①中… Ⅲ.①软件工具-程序设计-青少年读物 Ⅳ.①TP311.561-49

中国版本图书馆CIP数据核字（2021）第031612号

书　　名：从 Scratch 进阶到 Python（基础篇）
　　　　　CONG Scratch JINJIE DAO Python（JICHUPIAN）
作　　者：中国少儿编程网

责任编辑：于先军　　编辑部电话：（010）51873026　　邮箱：46768089@qq.com
封面设计：MXK DESIGN STUDIO
责任校对：苗　丹
责任印制：赵星辰

出版发行：中国铁道出版社有限公司（100054，北京市西城区右安门西街 8 号）
印　　刷：国铁印务有限公司
版　　次：2021 年 4 月第 1 版　2021 年 4 月第 1 次印刷
开　　本：787 mm×1 092 mm 1/16　印张：16.5　字数：265 千
书　　号：ISBN 978-7-113-27584-6
定　　价：69.80 元

前 言

随着科技的不断发展，人工智能、大数据分析等先进科技在人们日常生活中的应用日趋广泛，人们接收到的信息也与日俱增，因此处于信息爆炸时代的我们，很有必要去了解怎样将杂乱无章的数据进行梳理并提取出最有价值的信息，那么，如何梳理和提取呢？程序就可以很轻松解决这个难题。编程就是将这些信息进行规范化的过程，通过编程我们可以详细了解计算机工作的整个过程，熟练操作计算机工作流程，而编程语言就是人机交互的桥梁。市面上琳琅满目的编程语言到底该学什么？选择一门合适的编程语言尤为重要，便于帮助我们更好地适应这个日新月异的数字化时代。

国际先进的教育理念STEAM[科学（Science），技术（Technology），工程（Engineering），艺术（Arts），数学（Mathematics）]是一种着重实践的超学科教育概念。而编程学习最大的一个优势就是可以打破客观物理环境的局限，将现实中难以实现的场景在计算机中模拟出来。利用Python可以轻松实现数据的可视化，模拟物理现象，设计精美的游戏、应用程序等，可以让你在虚拟的世界里自由翱翔，而这一切都与数学、艺术、科学、物理等学科相互关联，密不可分。

国务院发布的《新一代人工智能规划》中，明确提出将逐步在中小学阶段推广编程教育。随着国家对人工智能人才梯级培养计划的落地，国内不少省份陆续将Python纳入小学高年级或中学的选修课程。浙江是首个将Python纳入高考的省份，山东省在小学六年级普及了Python教学，广东省部分学校也将Python程序设计作为信息技术课程的教学内容，其他省份也在积极制定适合本省的编程教材。

Python近来年被公认是最火的编程语言之一，它的编程风格接近自然语言，不需要复杂的结构就可以编写程序。Python的应用领域也非常广泛，第三方库非常丰富，无论是商业开发还是作为教学编程语言，都广受热捧。

Scratch图形化编程是编程启蒙语言，非常适合作为编程入门的工具。中国少儿编程网（kidscode.cn）已经出版了两本Scratch的图书，分别为《带你步入编程世界》和《Scratch 2.0少儿编程奇幻之旅》，有的孩子通过学习已经可以熟练地使用Scratch进行创作并且希望进一步了解高级编程语言。Python因其语法简单容易理解，成为很多孩子了解更高级别代码编程的首选编程语言，然而目前市面上很多关于Python编程的书籍主要是面向成年人的，内容描述比较抽象，晦涩难懂，涉及的知识范围太广，不合适孩子学习。

为了让孩子们系统地学习 Python 基础知识，经过少儿编程网几位老师两年多来的精心准备和数次修订，将 Python 基础知识全面展示在本书中。本书主要面向中小学生的编程教育，通过与图形化编程的对比、引用贴近生活的案例，利用详细的文字描述、图示和表格，通俗易懂地讲解每一个抽象、专业的 Python 知识，让孩子快速编写代码，了解软件在实际生活中的应用。

和图形化编程软件 Scratch 编辑脚本不同，由于 Python 功能更加强大，操作更加灵活，所有的代码需要自己手动输入，在学习中面临的问题会更多，然而在完善优化程序的同时，孩子的思路也会变得更为严谨。程序设计的过程就是将杂乱无章的内容归纳总结，按一定的顺序分步进行梳理，将过程结构化，这样做事的过程会更加有条不紊。学习过程中孩子们将慢慢形成自顶向下的思维习惯，遇到难题的时候可以将大问题拆分成小问题，再把小问题逐一解决，当所有的小问题都解决后，大问题迎刃而解。

书中第 1~12 章主要介绍 Python 的基础知识。内容包括 Python 的输入输出、变量、列表、元组、字典、条件语句、循环语句、文件操作与异常处理等内容。这部分的内容也是 Python 的基础知识，这些编程的基本概念和常规知识都是初学者必学的内容。不仅是 Python，有些知识也适用于其他编程语言，只是有些语法细节不一样而已。

第 13~17 章是进阶内容。在基础知识部分主要是面向过程的编程（Procedure Oriented Programming，简称 POP），进阶内容是将知识点进一步延伸，将在软件商业开发过程中常用的面向对象的编程（Object Oriented Programming，简称 OOP）方法进行阐述。了解面向过程与面向对象的区别及为什么要采用 OOP 的思路。另外还介绍了一些经典的算法，如：排序算法和查找算法，了解 ASCII 码的编码规则，数据加密解密原理，二进制及其他常用进制的转换原理等。

第 18 章为扩展知识，主要介绍了 Python 丰富的第三方扩展库。Python 因为有大量丰富的扩展库，大大提升了编程人员的效率，只需要编写少量的代码，就能实现一些较为复杂的功能，内容涵盖爬虫、桌面应用、数据分析、数据可视化、游戏等。比如，通过朗读工具，编写简单的代码就能轻松实现文字语音朗读功能；同样，通过调用数据分析库即可实现柱状图、折线图、饼状图等图表的绘制；还可以通过 Pygame 扩展库实现游戏的开发。

少年强则中国强，青少年代表国家的未来和希望，作为 Python 零基础入门的自学教材，希望孩子们通过本书的学习，打开通往学习高级编程语言路上的一扇窗。

在本书的编写过程中，收到很多少儿编程网学生家长和同行专家的建议，在此我们表示最诚挚的谢意，你们的支持是我们砥砺前行的动力，我们也一直在努力编写更多适合中国孩子学习的编程类图书，希望通过书籍的力量将知识传递给有需要的读者，在中国少儿编程普及的路上贡献微薄的力量。

中国少儿编程网
2021 年 3 月

目 录

第 14 章 ▸▸
算法应用

第 15 章 ▸▸
数据加密与解密

第 16 章 ▸▸
二进制

第 17 章 ▸▸
图形化编程 Tkinter

第 18 章 ▸▸
Python 强大的扩展库

第1章

Python 和 Scratch 的异同

小白学习 Scratch 已经很久了，能够熟练地用 Scratch 创作作品。这天小伶姐姐找到他……

小白，你对 Scratch 已经十分熟悉了，现在可以尝试学习代码类的编程语言，我推荐学习简单却又很强大的 Python 语言。

从 Scratch 进阶到 Python

Scratch 是一门图形化编程语言，它的脚本模块是一个个类似于乐高积木一样的指令；Scratch 通过相互拼接指令积木来实现效果。现在将开始学习的是另一种全新的编程语言——Python。为什么要学 Python 呢？ Python 能做什么呢？带着问题，先来看一下这两种编程语言有什么不同之处。

界面及操作方式不同

如图 1-1 所示，左侧是 Scratch 3 的操作界面，编写程序的脚本时只需要用鼠标将指令积木拖动到脚本区域进行拼接组合就可以完成编辑；Scratch 3 对使用键盘输入的要求并不高，程序运行后直接在舞台上展现出来，可以直接看到运行结果，总的来说操作十分简单方便。右侧是 Python IDLE 编辑器的界面，编辑窗口的菜单栏下方是代码编辑区域，构建程序的每一行代码都需要从键盘进行输入编辑，除了 Python 以外，很多工作生产中使用的编程语言例如 Java、PHP 等等也都是这种编程方式。

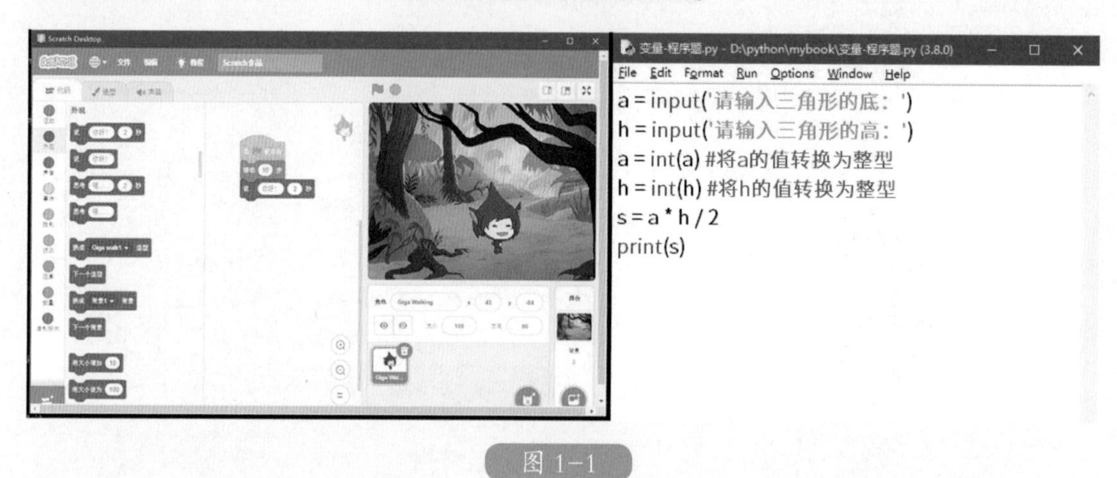

图 1-1

应用领域不同

我们把 Scratch 比作是积木，可以搭建各种虚拟场景，如图 1-2 所示；那么 Python 则是一个更加强大的工具，除了可以搭建各种虚拟场景外，它还能够在各个领域发挥作用，改变我们现实中的生活。

图 1-2

Scratch 是为 8~16 岁的孩子特别设计的编程学习工具，除了可以学习基础的编程知识，激发对编程的兴趣，还可以培养逻辑推理、创意思考和协同合作的能力，几乎所有年龄的人都可以使用它进行创作，如故事、游戏、动画等，如图 1-3 所示。

图 1-3

Python 是以编辑命令式指令的方式来编写程序，尽管需要手动输入大量的代码，但 Python 能够实现许多 Scratch 无法实现的功能，例如：搜索引擎、爬虫、图像识别、机器学习等等，如图 1-4 所示。

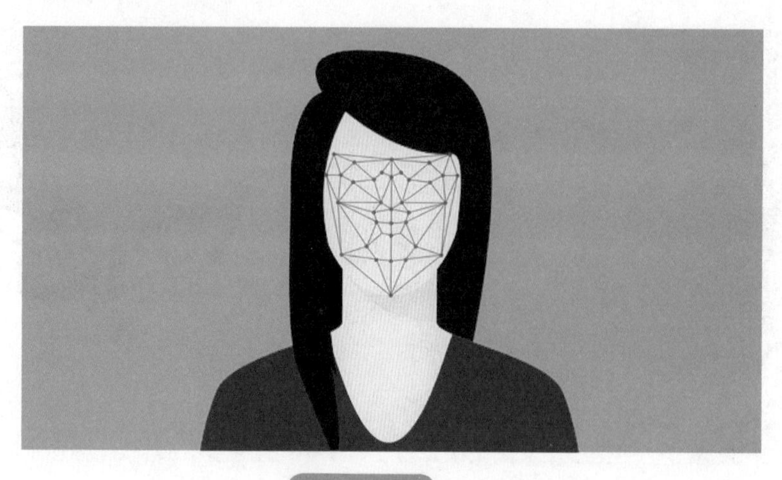

图 1-4

语言虽然不同，但是编程思维却是相似的

编程思维是计算机科学中解决问题的思路和方法。

在生活中的任何事情，我们都可以用编程思维来进行分析和解决。比如洗衣服，我们先对衣服进行分类，哪些衣服可以用洗衣机洗，哪些衣服需要手洗，不同的衣服在使用洗衣机洗时应该选择什么样的洗涤模式等等。

编程语言多种多样，虽然在编写代码的语法上有一些差异，但解决问题的思路，比如怎样把复杂的问题进行拆分、具体化，再逐一去解决问题都是十分相似的。

经典的一道古算术题“鸡兔同笼”（如图 1-5 所示）：“今有雉兔同笼，上有三十五头，下有九十四足，问雉兔各几何？”这一道题如何用编程去实现呢？

图 1-5

将题目分析一下：首先，假设兔子有 0 只，那么鸡的数量是 35 只，此时去检验脚的

总数是不是 94 只；如果脚的总数不是 94 只的话，那兔子增加 1 只，鸡的数量则减少 1 只，这样不断重复验证，直到脚的总数恰好是 94 只，此时就得到了答案。

这是其中一种解决问题的方法，当有了这个思路后，你可以选择 Scratch、Python 或是其他编程语言来编写程序求取答案。

如图 1-6 所示为 Python 代码，图 1-7 所示为 Scratch 程序。

```
#Python 解决鸡兔同笼问题
#head 为头的个数，foot 为脚的个数，x 为鸡的个数，y 为兔的个数
head=35
foot=94
for x in range(0,head):
    y=head-x
    if 2*x+4*y==foot:
        print(“鸡有”+str(x)+”只，兔有”+str(y)+”只。”)
```

图 1-6

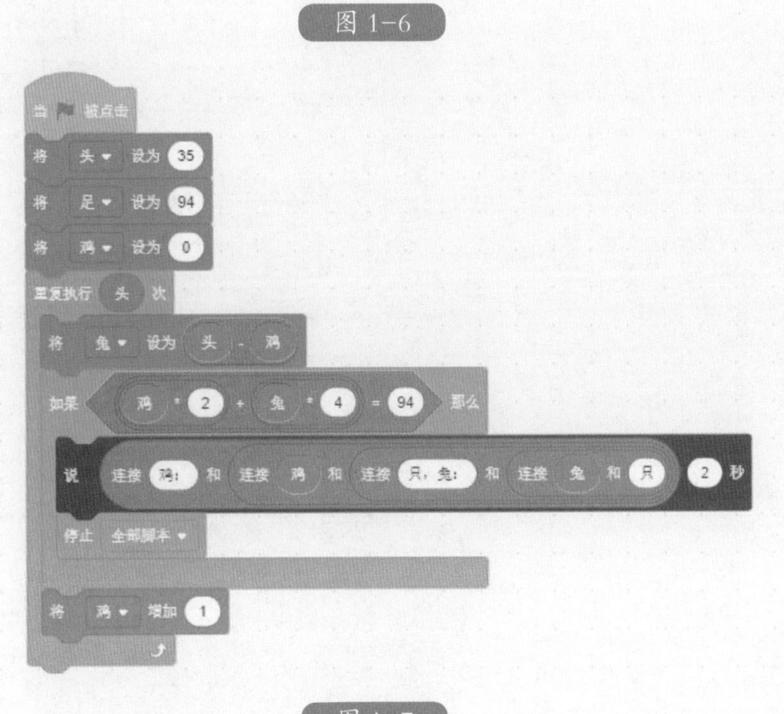

图 1-7

小白听了小伶姐姐的介绍后，顿时觉得 Python 十分有趣，而且并不难学，也想像专业编程人员一样用代码编写程序去做更多的事情。

Python 与 Scratch 有许多相似的地方，接下来的学习中，参照着熟悉的 Scratch 知识来学习，更能帮助理解 Python 的知识点。

第 2 章 为什么要学习 Python

小白上网查了一下 Python，跳出的网页中显示单词翻译为“蟒蛇”，小白满是疑惑地去找小伶姐姐……

小伶姐姐，为什么这门语言用 Python，也就是蟒蛇来命名呢？这有什么故事吗？

这个说来话长……

为什么取名为 Python

Python的创始人叫Guido von Rossum。1982年，Guido从阿姆斯特丹大学(University of Amsterdam)获得了数学和计算机硕士学位。尽管他算得上是一位数学家，但他更加享受计算机带来的乐趣。用他的话说，尽管拥有数学和计算机双料资质，他总趋向于做计算机相关的工作，并热衷于做任何和编程相关的活儿。

1989 年，为了打发圣诞节假期，Guido 开始写 Python 语言的编译器。当时他很喜欢看一个英国肥皂剧《Monty Python's Flying Grcus（巨莽的飞行马戏团）》，所以把创作的编程语言命名为 Python。Python 原本便是蟒蛇（如图 2-1 所示）的意思，1991 年 Python 的第一个公开版本正式发行，比一直很受欢迎的 Java 编程语言还早了 4 年。

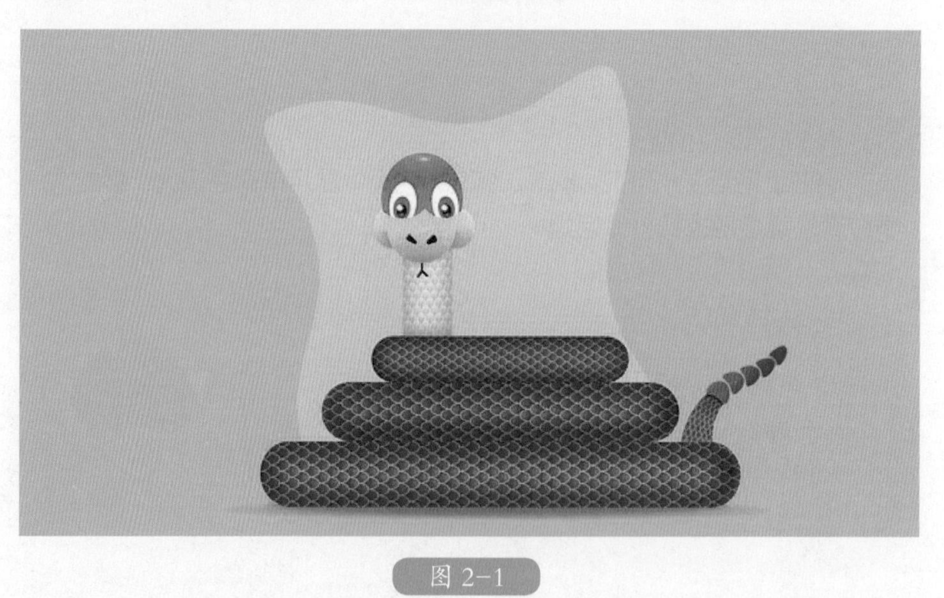

图 2-1

在生活生产中使用的编程语言有许多种，每一种语言都有各自的优点和缺点，它们在各自擅长的领域工作发挥它们的优势，如同很多工作不是一个人能独自完成的，有时候它们也需要相互协作才能完成一个很复杂的程序，那为什么推荐学习 Python 呢?

为什么选择学习 Python

相对于其他编程语言，Python 语言对学习代码类编程语言的初学者来说更容易些。像 Java 语言的编译，需要在主函数（可执行程序的入口）编辑调用才可以运行出来。而

Python 可以直接编写代码，不需要复杂的结构。Python 有很丰富的库，其中除了有官方的，也有其他开发者开发的库，想要实现的功能模块有可能已经有人写好，这时只需要在代码中调用库以及对应的代码即可。因此初学者用来实现一些普通功能，使用 Python 语言是非常容易的。如图 2-2 所示，几行代码就可以实现文字朗读功能。

图 2-2

其次 Python 语言应用领域十分广，能做很多事情。

1.用 Python 语言搭建网站，如图 2-3 所示。

图 2-3

- Google——谷歌在很多项目中用 Python 作为网络应用的后端，如 Google Groups、Gmail、Google Maps 等，Google App Engine 支持 Python 作为开发语言。
- YouTube——视频分享网站，在某些功能上使用到 Python。
- 豆瓣网——图书、唱片、电影等文化产品的资料数据库网站也用到了 Python。

2.用 Python 进行游戏开发，如图 2-4 所示。

图 2-4

比较出名的游戏 Civilization IV《文明 4》与 Battlefield 2《战地 2》都使用了 Python。

3.网络爬虫（又称为网页蜘蛛，网络机器人），是一种按照一定的规则，自动地抓取万维网信息的程序或者脚本，如图 2-5 所示。[注意：网络爬虫不可以随便进行。]

```
Python 3.8.0 Shell
File Edit Shell Debug Options Window Help
正在下载...
下载完成.

第 5 首歌曲：http://■ ■ ■ ■ ■/media/outer/url?id=1363948882.mp3
正在下载...
下载完成.

第 6 首歌曲：http://■ ■ ■ ■/song/media/outer/url?id=1400256289.mp3
正在下载...
下载完成.
```

图 2-5

4.用 Python 实现图像识别等技术。例如医学领域里，计算机对于科学影像（如 X 光片）进行分析；交管部门进行车辆号牌识别，人脸识别（如图 2-6 所示）等等。

图 2-6

5. Python 在大数据挖掘中运用十分广泛（流行病预测、智慧医疗、智慧城市、智能交通、环保监测等等，示意图如图 2-7 所示）。由于在对数据清洗、数据探索等一系列环节都有免费的前沿算法支持，如：微软开源的回归 / 分类包、FaceBook 开源的时序包、Google 开源的神经网络包等，它把遥不可及高高在上的大数据、机器学习、深度学习等概念转化为每个人都可以学习、每个企业都可以实际应用的项目和程序。

图 2-7

下载安装 Python

➢ Windows 操作系统中安装 Python

第一步：从 Python 的官方网站下载安装程序，网址为 https://www.python.org。网站加载完毕后，将光标移动到 Downloads 菜单，如图 2-8 所示，网站会根据当前电脑的系统自动显示适合你的版本，单击鼠标即可自动下载。

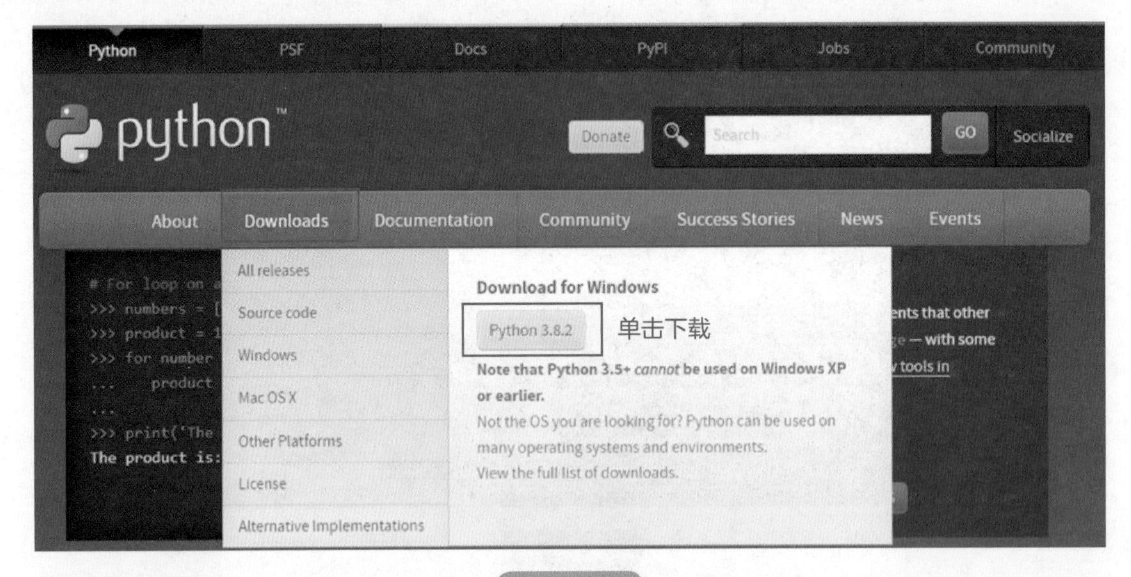

图 2-8

第二步：下载完成后双击 exe 安装文件，在弹出的窗口中勾选 Add Python 3.8 to PATH 选项，接着单击“Install Now”这一项进行安装，如图 2-9 所示。

图 2-9

安装完之后会显示安装成功，如图 2-10 所示，单击“Close”关闭窗口即可。（个别系统由于缺失文件，会提示错误，可以根据错误提示，在网上搜索对应的解决方法进行处理）。

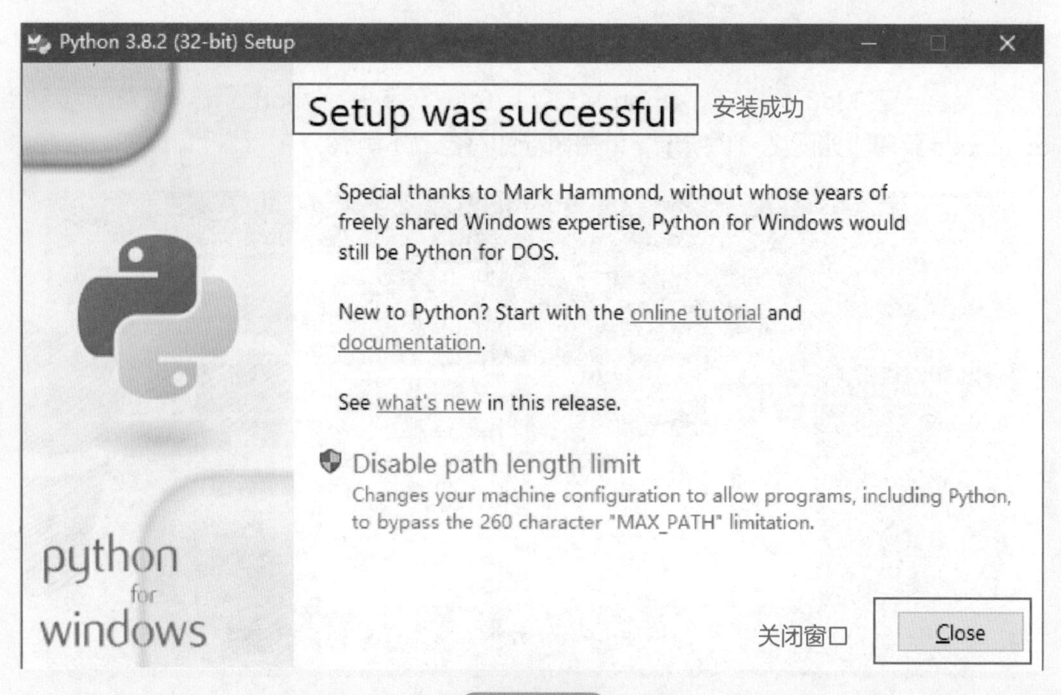

图 2-10

安装成功之后，你就可以在“开始”菜单里找到 Python 了，如图 2-11 所示。至此安装工作已经完成了。

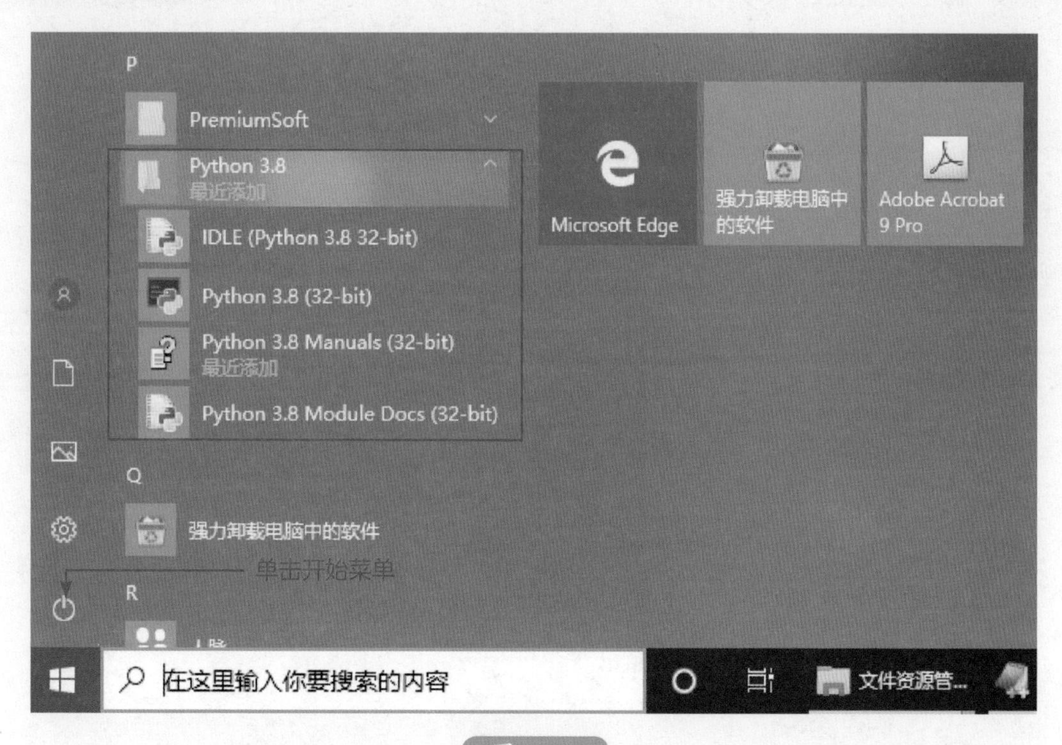

图 2-11

➢在 Mac（苹果系统）下安装，操作方法跟步骤与 Windows 下基本一样

第一步：在 Mac 下打开 Python 网站：https://www.python.org，将光标移动到 Downloads 菜单，如图 2-12 所示，单击鼠标即可自动下载。

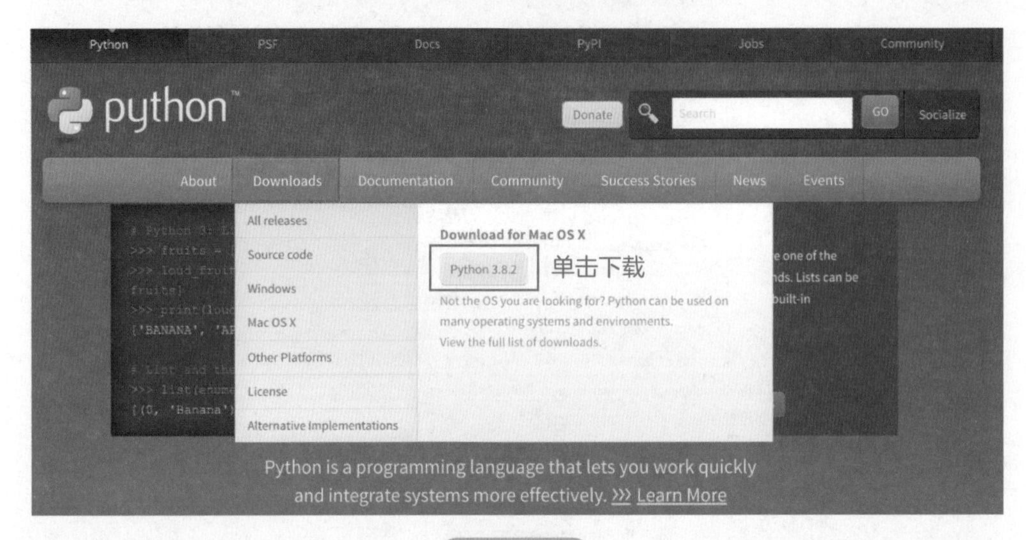

图 2-12

第二步：下载完成后双击安装文件，如：python-3.8.2-macosx10.9.pkg，然后单击“继续”即可，如图 2-13 所示。

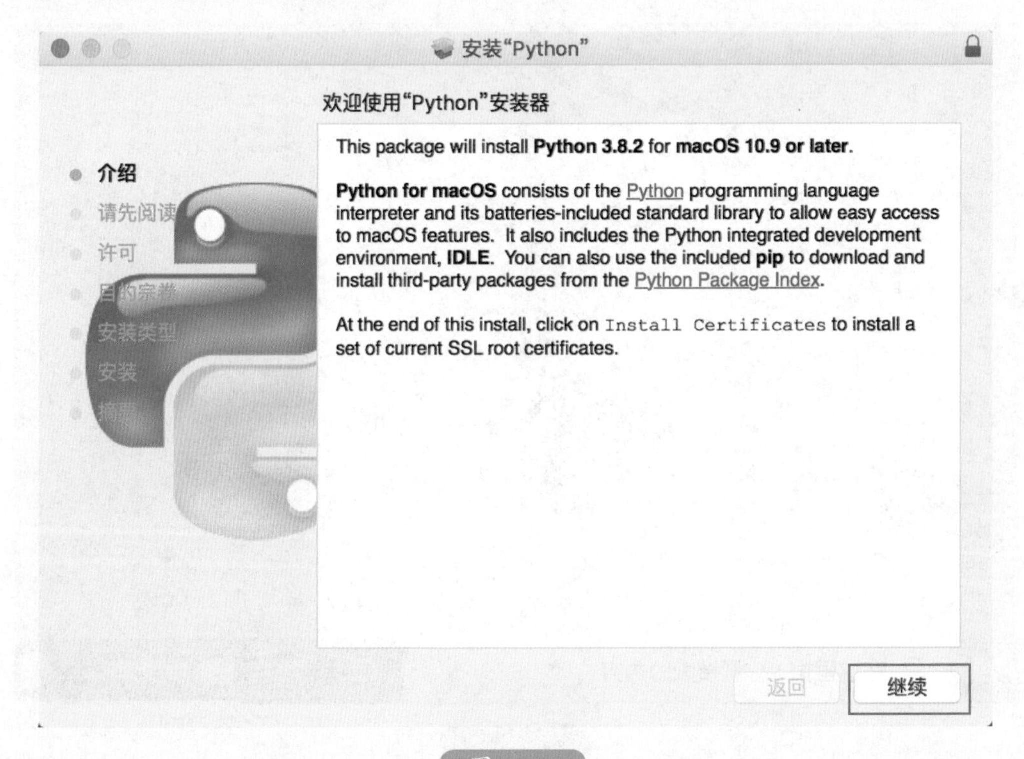

图 2-13

安装过程中，需要同意许可协议，如图 2-14 所示，单击“同意”按钮。

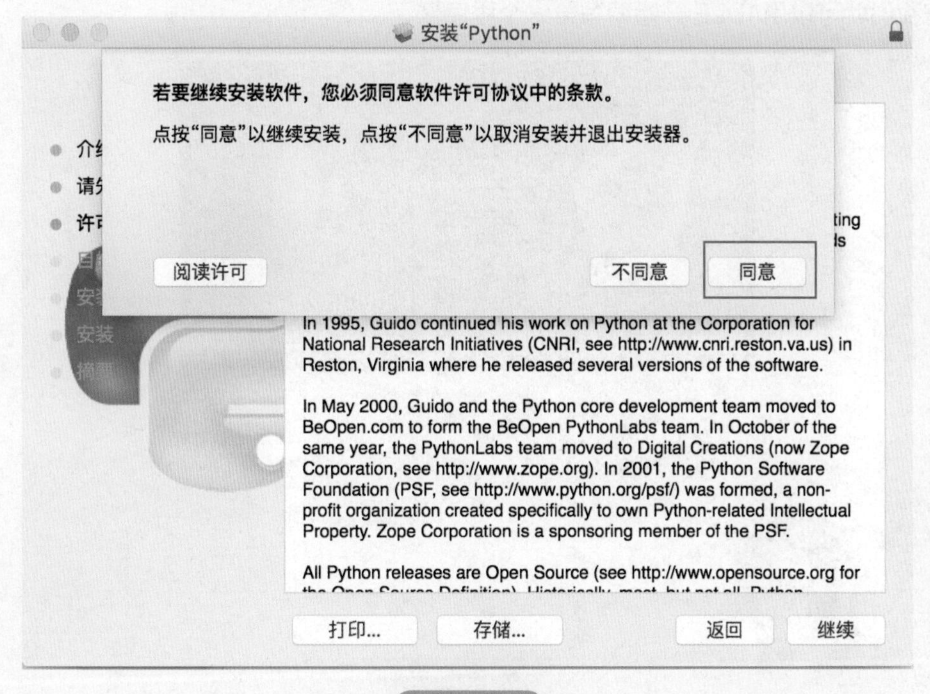

图 2-14

接下来一直单击“继续”按钮，完成后即安装成功了，如图 2-15 所示，单击“关闭”按钮关闭安装窗口。

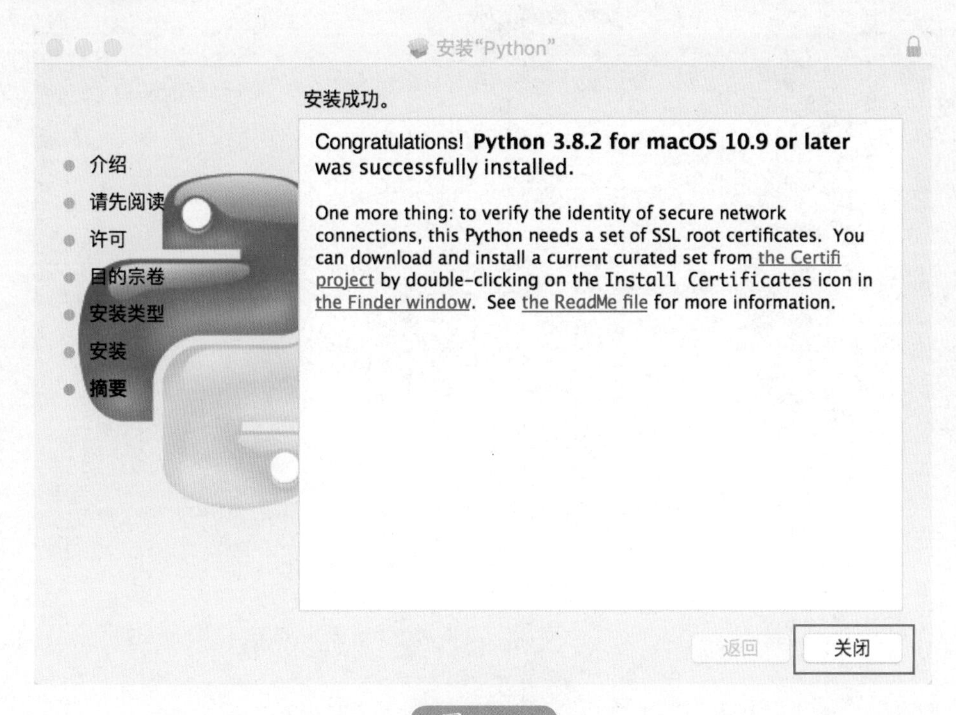

图 2-15

安装成功之后，打开 Launchpad，就可以找到我们安装好的软件了，如图 2-16 所示。接下来我们就可以用 IDLE 开始编写第一个程序了。

图 2-16

第3章

第一个 Python 程序

开始写第一个程序，
实现在窗口输出 Hello,world！

怎么又是 Hello,world？
Scratch 的第一个程序就是让角色说 Hello world。

这是有缘由的，我给你讲一讲。

Hello，world

1972 年，在贝尔实验室的内部技术文件《B 程序设计语言的入门教程》中，计算机科学家布莱恩 · 柯尼汉（Brian Kernighan）第一次使用了 "Hello, world" 作为编程案例。后来在《C 程序设计语言》中，布莱恩 · 柯尼汉再次将 "Hello, world" 写进案例。随着这本经典著作的大卖，"Hello, world" 也流行起来（如图 3-1 所示），它让无数初学编程的学习者得以顺利写出第一个程序，从而走上大神之路。

图 3-1

对学习编程的人来说，"Hello, world" 就像我们开始学习 1+1=2 一样，一个简单的开始开启一个新的世界，一个等着你用好奇心去探索、改变、创造的新世界。

编写第一个程序

在 Windows 上安装了 Python 之后，可以在“开始菜单”→“所有程序”→“Python 3.8”里找到 IDLE，如图 3-2（Win10 开始菜单）所示。

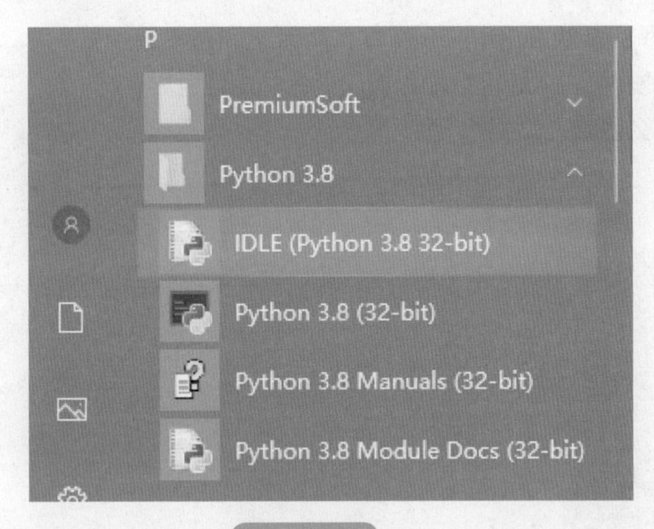

图 3-2

单击打开 IDLE，如图 3-3 所示。

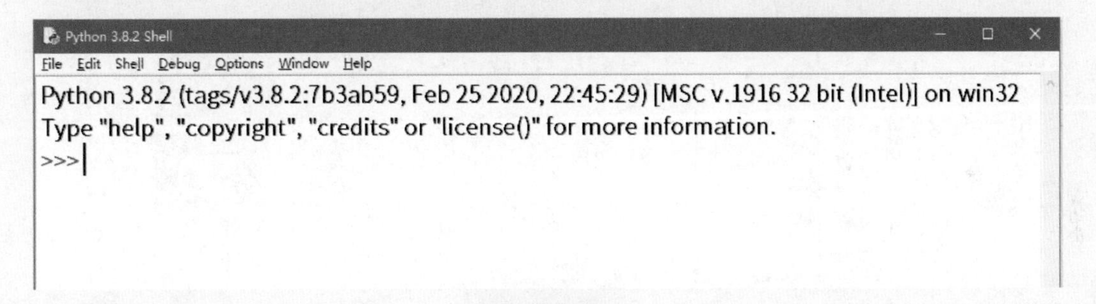

图 3-3

在 >>> 后闪烁着光标，可以在这里输入我们的第一行程序：

```
>>> print('Hello,word!')
```

输入完毕后按下回车键（Enter 键）执行这行代码，Hello world 就打印到屏幕上，如图 3-4 所示。我们的第一个程序就完成了，是不是很简单。

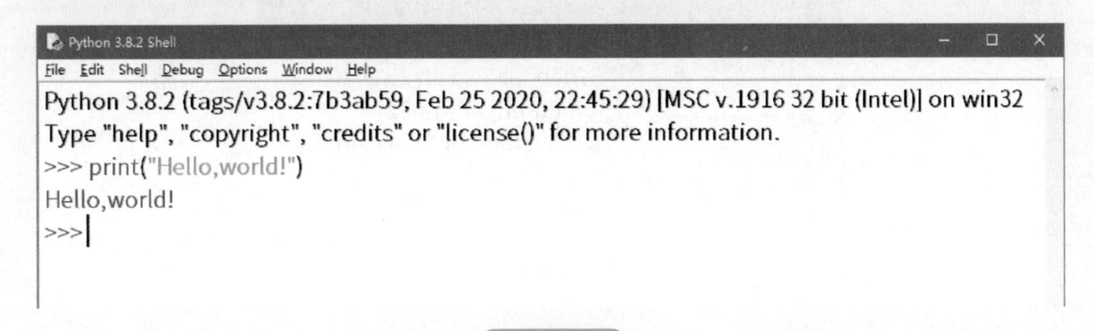

图 3-4

对比一下图 3-5 的 Scratch 3 脚本，两者之间是不是很像呢？由此会发现，进入纯键盘输入代码指令的编程世界，并没有想象的那么困难。

图 3-5

小伶姐姐，我想把自己编写的程序保存起来，这样可以查看或者继续编辑。

小白，接下来我将告诉你如何新建一个源程序文件，以及如何保存、运行它。

新建源程序与运行

第一步：新建文件。如图 3-6 所示，在 IDLE 的菜单中选择“File”→“New File”(或使用快捷键 Ctrl+N)。

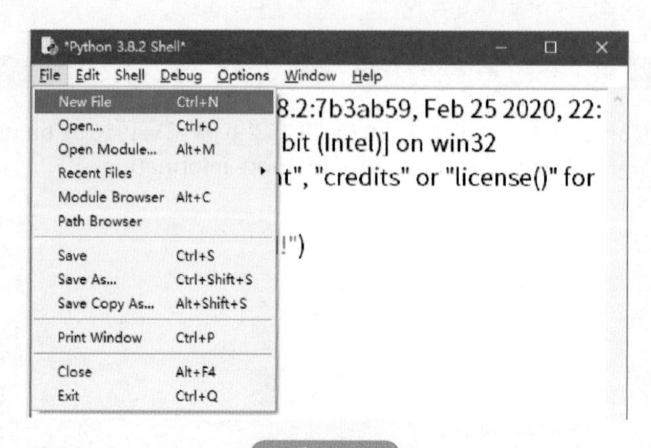

图 3-6

第二步：在代码编辑区域编写代码，如图 3-7 所示。

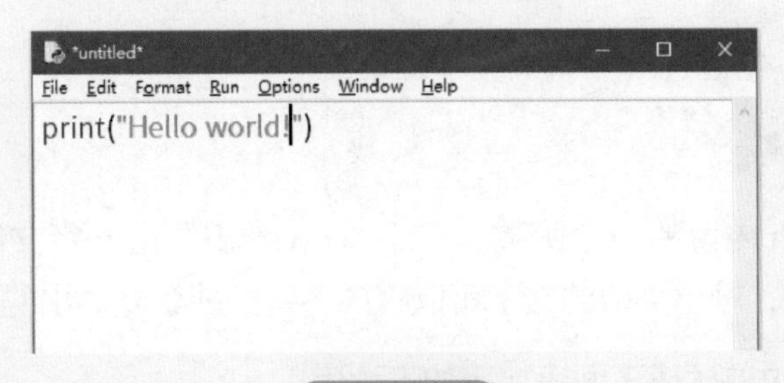

图 3-7

第三步：保存文件。单击菜单栏中的 “File” 选项，在弹出的列表中选择 “Save” 这一项（快捷键 Ctrl+S），如图 3-8 所示。在弹出的窗口中选择想要存储的目录文件夹，再输入文件名称，例如取文件名为 hello，单击 “保存” 按钮，这样就会生成一个 “hello.py” 源文件。

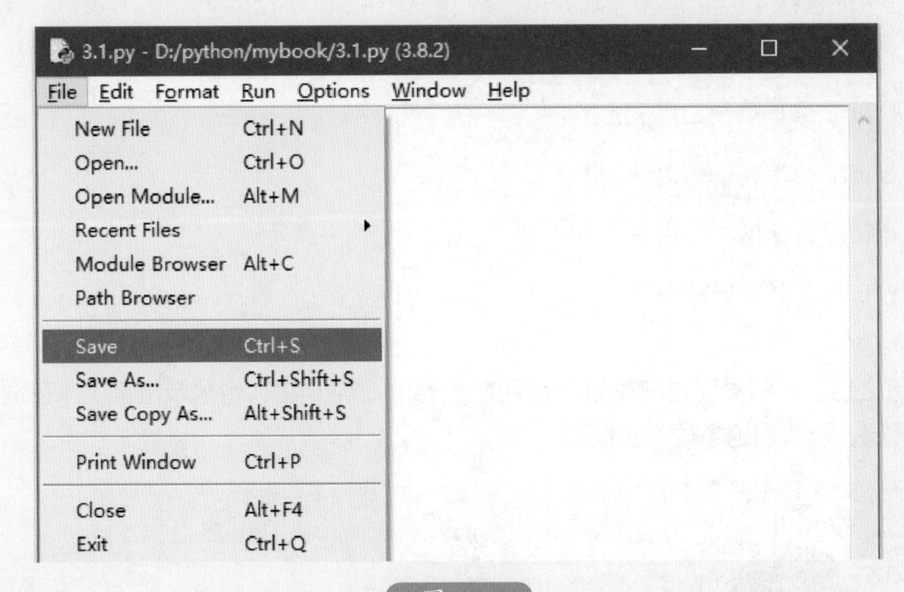

图 3-8

第四步：运行代码文件。单击菜单栏中的 “Run” 选项，在弹出的列表中选择 “Run Module” 这一项（快捷键 F5），如图 3-9 所示。

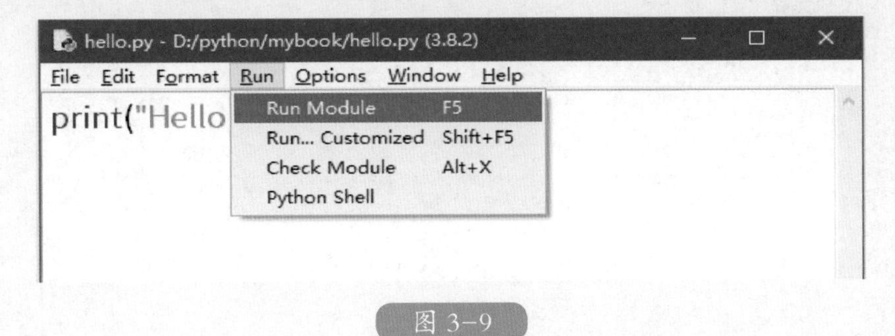

图 3-9

print() 是 Python 内置的一个函数，“Hello world!”这一行文字由一对单引号 '' 或者一对双引号 "" 括住，输出类似的文字可以将内容替换成想要输出的内容即可。

小白很快就在刚才的源码下面添加了如下程序：

```
print("Hello world!")
print(' 村居 ')
print(' 作者：高鼎 ')
print(' 草长莺飞二月天，')
print(' 拂堤杨柳醉春烟。')
print(' 儿童散学归来早，')
print(' 忙趁东风放纸鸢。')
```

运行之后，小白发现之前写的代码中的“Hello , world!”也显示出来了，正准备去删除这行代码，小伶姐姐急忙阻止他。

Python 代码注释

代码注释是写在代码文件中一段不被执行，只用于解释代码功能的文字；除了可以解释代码功能外，还可以让部分想要保留的代码在运行时不被执行，不影响程序运行结果。Python 中单行注释以 # 开头，例如：

```
# 将注释下面的一行代码
#print("Hello world!")
print('村居')
print('作者：高鼎')
print('草长莺飞二月天，')
print('拂堤杨柳醉春烟。')
print('儿童散学归来早，')
print('忙趁东风放纸鸢。')
```

如果要注释多行，可以用多个 # 号 或 ''' 或 """，例如：

```
print("Hello world!")
# 下面所有代码都将被注释，不会被执行
'''
print('村居')
print('作者：高鼎')
print('草长莺飞二月天，')
print('拂堤杨柳醉春烟。')
print('儿童散学归来早，')
'''
print('忙趁东风放纸鸢。')
```

常见问题

```
>>> print(hello world)
SyntaxError: invalid syntax
>>>
```

出错原因：使用 print() 来打印输出的内容没有使用引号（单引号、双引号都可以）括住。

```
>>> print( ‘hello world’ )
SyntaxError: invalid character in identifier
>>>
```

出错原因：引号，括号都必须是英文字符，注意请将输入法切换到英文。

练一练

一、选择题

1) Python 中，以下哪个函数是用于输出内容到终端的?

A．echo B．output C．print D．console.log

2) 以下哪个符号是用作 Python 的注释?

A．* B．/* C．// D．#

3) 以下哪个标记是用作 Python 的多行注释?

A．''' B．/// C．### D．/**/

二、上机实践

print() 除了可以输出英文字符，还能输出别的吗? 比如：

print(' 我在学习 python')

print(2+3)

print(10>8)

print(3*7)

【参考答案】

一、1) C； 2) D； 3) A。

第4章

键盘输入与屏幕输出

姐姐，我想做一个交互的程序，Python 里有没有类似 Scratch“询问……并等待”这样的代码指令？

小白，Python 中有这样的指令代码，只需要通过 input() 方法就可以接收键盘的输入信息。

Python 键盘输入

在 Python 中，可以通过内置函数 input() 获取从键盘输入的内容，那么输入之后内容又存放在哪里呢？Scratch 3 是存在内置变量“回答”里，如图 4-1 所示。

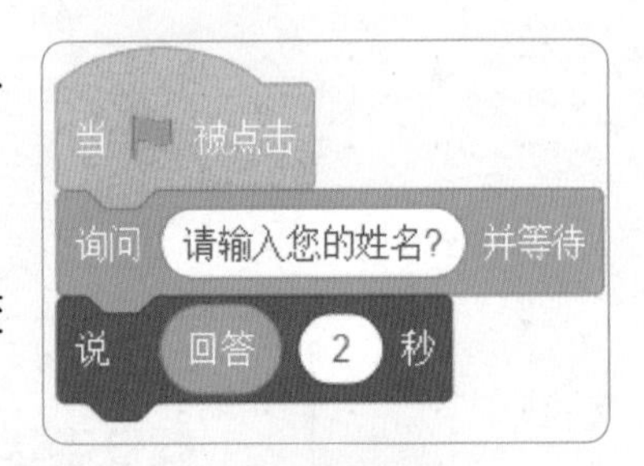

图 4-1

同样在 Python 中，输入的内容需要我们创建一个变量（更多变量的知识我们将在下一章详细介绍）来存储，用 Python 编写图 4-1 的程序，如下：

```
name=input('请输入您的姓名：')   # name 是一个变量，用来存储键盘输入
print(name)
```

运行结果：

```
请输入您的姓名：小白
小白
>>>
```

* 注意：input() 接收到的内容是一个字符串（一串字符），即便输入的是数字 Python 也是将它们当作文字，无法当作数字来计算，如：

```
num1 = input('请输入第一个数：')   # 输入 3
num2 = input('请输入第二个数：')   # 输入 2
# 下面运行结果不是 5 而是 32
print(num1+num2)
```

运行结果：

```
请输入第一个数：3
请输入第二个数：2
32
>>>
```

程序运行的结果并不是两个数相加的值，而是将两个数当作字符拼接在了一起，我们将在下一章变量的数据类型中详细介绍。

屏幕输出 print()

如图 4-2 所示，Scratch 可以简单地输出字符串，也可以将多个不同类型的内容按照我们的规则进行拼接输出。

图 4-2

在 Python 中，print() 是一个内置的用于打印输出的功能函数，是最常用的函数之一。在上一章中我们已经使用了这个方法，它能够输出多种数据类型的内容，以及能够按照人们规定的格式输出显示，方法更为灵活多变。

非格式化输出打印

➢最基础的用法：打印字符串、数字等信息，在上一章中已经使用过。

```
print("Hello, world!")
```

➢打印多个对象：通过 sep 中的符号进行间隔，默认间隔的符号是空格符号。

```
print(' 北京 ',' 上海 ',' 广州 ',sep='—')   # 输出多个对象需用一分隔
print(' 北京 ',' 上海 ',' 广州 ')   # 默认空格分隔，这里相当于 sep=' '
```

运行结果：

```
北京—上海—广州
北京 上海 广州
>>>
```

➢不换行打印：使用 print() 时会在输出的内容后自动换行，当不想让它自动换行时该怎么办呢？ print() 语句中通过结束时的分隔符号来控制是否换行，默认分隔符号是换行符号，可以将分隔符 end 设置成其他符号，（end=" 分隔符 "），如下：

```
print("Hello, world!", end=" ")   # 不换行，用空格分隔
print("Hello, Beijing!")
```

运行结果：

```
Hello, world! Hello, Beijing!
>>>
```

➢和变量一起打印：在需要输出打印的文字后面加上逗号，再加上要打印的变量名即可。例如：

```
res=input('4+8=')
print(' 您的答案是： ',res)
```

运行结果：

```
4+8=12
您的答案是： 12
>>>
```

➢要打印多行内容：除了用多个 print() 逐行打印输出内容外，还有一种简单的方式，使用一对 3 个单引号将需要输出的多行文字括住：

```
print('''
优美胜于丑陋
明了胜于晦涩
简洁胜于复杂
复杂胜于凌乱
''')
```

运行结果：

```
优美胜于丑陋
明了胜于晦涩
简洁胜于复杂
复杂胜于凌乱
>>>
```

姐姐，我想输出类似“您好 XXX, 我是 XXX”这样的内容，其中 XXX 是变化的，该怎么做？

我们可以用逗号将内容拼接起来，还可以通过格式化来输出内容。

格式化输出

格式化是将内容统一成一个固定格式，不管程序何时执行都按照这个格式输出内容，只修改需要变化的部分。

➢print 字符串前面加 f 表示格式化字符串。加 f 后可以在字符串里面使用花括号括起来的变量和表达式，如下：

```
a=' 大牛 '
b=' 小白 '
print(f' 您好 {a}，我是 {b}')   #{a}{b} 会被对应变量替换
```

运行结果：

```
您好大牛，我是小白
>>>
```

➢可以通过 format() 来控制输出内容格式。通过在字符串中添加位置标号，运行后表达式中的内容将会被 format() 中对应序号的变量替换。

```
a=4
b=7
```

```
c=5
# {0} 表示第一个元素， {1} 表示第二个元素，以此类推……
print(' 三个数中最大的是 {0}，最小的是 {1}'.format(b,a))
```

运行结果：

```
三个数中最大的是 7，最小的是 4
>>>
```

上面程序中字符串里的 {} 位置符也可以省略不写，代表传递对应位置的内容，需要注意的是，{} 数量必须少于后面位置参数数量，不然报错 。

```
a=4
b=7
c=5
print(' 三个数中最大的是 {}，最小的是 {}'.format(b,a))
```

运行结果：

```
三个数中最大的是 7，最小的是 4
>>>
```

计算机二级真题——格式化输出

题目要求：键盘输入字符串 s，按要求把 s 输出到屏幕。格式要求：宽度为 30 个字符，星号字符 * 填充，居中对齐。如果输入字符串超过 30 位，则全部输出。

例如：键盘输入字符串 s 为 "Congratulations"，屏幕输出 *******Congratulations*****

该题目主要考查 Python 字符串的格式化方法 format()，对初学者来说格式化输出方法比较繁杂，很多方法笔者认为用处不大，仅仅是锦上添花的作用，只要掌握本章前面介绍的方法就可以了。下面的方法作为知识拓展，不建议进行强行记忆，在使用的时候也可以去查阅资料，毕竟使用频率较低。

「拓展知识」格式说明符：规定传入参数字符的格式

示例：

```
# 下面是本章学习过的替换字段形式 {}
print('π 的值：{}'.format(3.1415926))
# 使用格式说明符控制
print('π 的值：{0:.4f}'.format(3.1415926))
# 在传入参数后面用冒号 : 写入规定的格式：.4f( 取 4 位小数 )
```

运行结果：

```
π 的值：3.1415926
π 的值：3.1416
>>>
```

用法：

{ 格式说明符 }.format(要格式化的内容)

说明符格式：

{:[填充] 对齐方式][+][空格][0][宽度][分组选项][. 精度][类型码]}

➢填充：填充字符只能有一个。不指定填充字符，默认用空格填充。如果指定填充字符，则必须要同时指定对齐方式。

➢对齐方式：<　左对齐；>　右对齐；^　居中对齐。

➢+：表示在正数前显示 +，负数前显示 -。

➢ 空格：表示在正数前加空格。

➢ 宽度：不指定宽度，宽度由内容决定。

➢ 精度、类型码：多用于数字格式化，具体使用可以通过网络查阅资料。

题目的输出格式为居中对齐、30 个字符、星号填充。对照格式说明，冒号后面带填充的字符“*”，“^”是居中，后面带宽度 30，即 {:*^30}。

参考程序

```
s=input(" 请输入 ")
print('{:*^30}'.format(s))
```

转义字符

在一个或几个字符前面加上“\”之后，这个字符就有了新的特定含义，因此就称为“转义”字符，常见的有下面两种。

- \n 换行符 : 遇到该字符会进行换行。
- \t 制表符 : 简单地说就是产生一个间距，相当于按 Tab 键。

```
print('Hello world!\nHello Beijing!')   # 打印会换行
print('Hello world!\tHello Beijing!')   # 打印出来会有间距
```

运行结果：

```
Hello world!
Hello Beijing!
Hello world! Hello Beijing!
>>>
```

有问有答

“雨是最寻常的，一下就是两三天。可别恼。看，像牛毛，像花针，像细丝，密密地斜织着，人家屋顶上全笼着一层薄烟。”出自朱自清的散文名篇《春》，那么你眼中的春雨又是什么样的呢？

编写一个程序，让电脑提出三个问题，然后一一作答，看看心中的春雨是什么样的。如下：

```
a=input('春天的雨像什么？ ')
print('春天的雨像：',a)
b=input('春天的雨像什么？ ')
print('春天的雨像：',b)
c=input('春天的雨还像什么？ ')
print('春天的雨像：',c)
print('雨是最寻常的，一下就是两三天。可别恼。看，像{0}，像{1}，像{2}，密密地斜织着，人家屋顶上全笼着一层薄烟。'.format(a,b,c))
```

运行结果：

```
春天的雨像什么？牛毛
春天的雨像： 牛毛
春天的雨像什么？花针
春天的雨像： 花针
春天的雨还像什么？细丝
春天的雨像： 细丝
雨是最寻常的，一下就是两三天。可别恼。看，像牛毛，像花针，像细丝，密密地斜织着，人家屋顶上全笼着一层薄烟。
>>>
```

练一练

一、选择题

1) 以下代码输出的结果是______。

```
print("apple", end=" ,")
print("peach", end=" ,")
```

A．applepeach,　　B．apple peach,

C．apple,peach　　D．apple,peach,

2) 下面这行代码输出的结果是______。

```
print('{2}'.format('a', 'b'))
```

A．b　　B．a

C．什么都不显示　　D．程序运行错误

【参考答案】

一、1) D； 2) D。

二、上机练习题

请尝试用三种不同的方式输出古诗《悯农》，输出结果如下：

```
《悯农》
作者：李绅
春种一粒粟，秋收万颗子。
四海无闲田，农夫犹饿死。

>>>
```

【参考答案】

```
# 方法一

print('《悯农》')
print('作者：李绅')
print('春种一粒粟，秋收万颗子。')
print('四海无闲田，农夫犹饿死。')

# 方法二

print('''
《悯农》
作者：李绅
春种一粒粟，秋收万颗子。
四海无闲田，农夫犹饿死。
''')

# 方法三

print('《悯农》\n作者：李绅\n春种一粒粟，秋收万颗子。\n四海无闲田，农夫犹饿死。')
```

第5章

变量

小伶姐姐给小白讲了在 Python 中如何输出内容，以及如何接收从键盘输入的内容。在这个过程中她多次提到了变量，Python 中的变量跟 Scratch 中的有什么不同呢？小白十分好奇，然而小伶姐姐并没有去讲，只是微笑着说下次再来揭秘。

小白今天给你讲一讲 Python 中的变量的知识吧。

什么是变量

前面我们使用 input() 语句从键盘输入了一些内容，也让程序将它们打印输出。这些内容输入后存放在哪里呢？原来输入后，程序就将它存放在内存中的一个小容器里，程序通过这个小容器随时可以取出或者修改，内存中的这个小容器就是——变量。

变量，顾名思义它是可以改变的，它在程序中非常重要。比如我们在成长过程中，身高和体重每年都在发生变化，我们可以把身高和体重分别看作是一个变量；除此之外，平时玩游戏的时候，我们所看到的一个 BOSS 的血量值，它也是一个变量；甚至在数学加法运算中，加数、和、减数、被减数、差等等都可以看作变量。

变量的知识在 Scratch 中已经学过，我们来回顾一下 Scratch 的作品——《接苹果》。我们定义一个变量 score 来表示接到苹果的数量，每次接到一个苹果变量 score 就加 1，如图 5-1 所示。

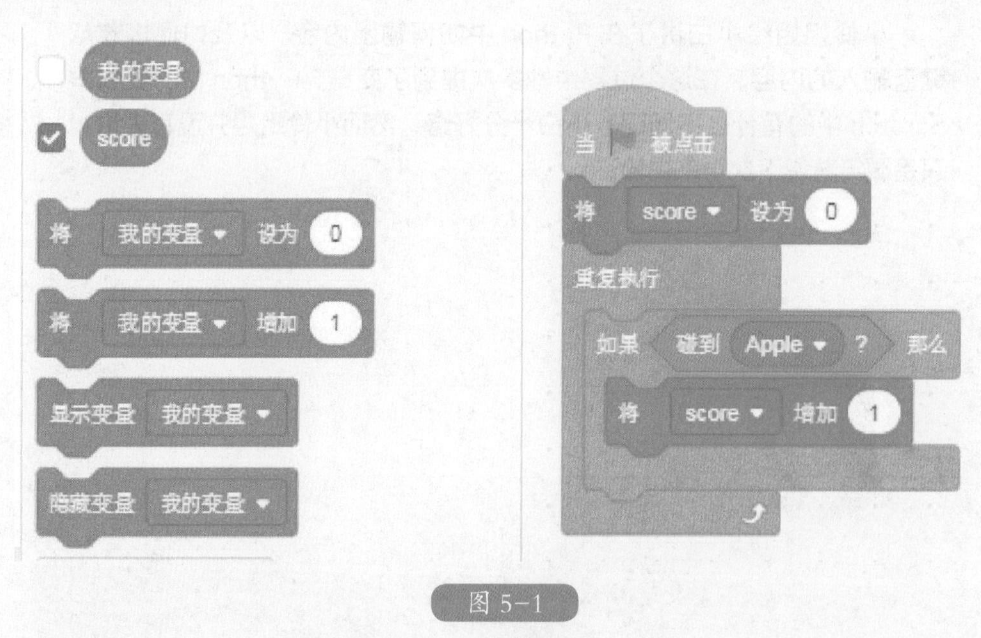

图 5-1

那么在 Python 中，又是如何定义一个变量呢？

变量的定义通常由三个部分构成：变量名，“=”，初始值。即只需要给变量一个名字，中间用“=”号连接，后面再给变量一个初始值。“=”这个符号不是数学中的等于号，在 Python 中它是赋值符号，赋值的意思是将“=”右边的值放入左边的变量中。我们来看一下变量的定义规则及示范：

第一部份	第二部份	第三部份	说明
变量名字	=(赋值符号)	变量值	变量的定义规则
age	=	0	定义一个年龄的变量 age，初始值是 0
name	=	“陈小明”	定义一个姓名的变量 name, 初始值是“陈小明”
ok	=	True	定义一个变量 ok, 初始值是 True
money	=	666.66	定义一个金额的变量 money, 初始值是 666.66, 有小数点

在 Python 中将上面表格的内容写成代码，如下：

```
age = 0
name =' 陈小明 '
ok = True
money = 666.66
print(age)
print(name)
print(ok)
print(money)
```

乘坐高铁

每当春节来临的时候，会有很多人需要乘坐火车出行，我们来模拟一下多人抢座位的情景。现有一趟从广州出发去往北京的高铁，途径：广州－长沙－武汉－石家庄－北京这几个站，如图 5-2 所示。

图 5-2

假设以下四个人要乘坐这一趟火车，他们都购买了同一天同一车次的票，而他们出发的城市和到达的城市各不相同，如下：

A. 老张从广州到长沙

B. 老李从长沙到武汉

C. 老黄从武汉到石家庄

D. 老赵从石家庄到北京

很有缘的是他们都购买了同一个车厢里的同一个座位——编号 A19，火车座位同一时间只能坐一个人，那么这个座位的情况是如何变化的呢？

- 车辆未进站，A19 是空座
- 广州站，老张上车，A19 上坐的是老张
- 长沙站，老张下车，老李上车，A19 上坐的是老李
- 武汉站，老李下车，老黄上车，A19 上坐的是老黄
- 石家庄站，老黄下车，老赵上车，A19 上坐的是老赵

“综合这个例子里的变化，我们可以在 Python 中写出这个过程”，小伶姐姐写出如下的代码，并让莫小白猜猜最后输出的是谁？

```
A19 = ''
A19 = '老张'
A19 = '老李'
A19 = '老黄'
A19 = '老赵'
print(A19)
```

小白笑着说，肯定是老赵！

变量的特性

刚才我们了解了变量是怎样定义的，以及体验了一番修改变量值的操作，那么在使用变量中需要注意些什么呢？

通过刚才座位编号“A19”这个变量，我们可以看到这个变量只能存放一个数据，例如 '老张'，当再次赋值的时候，'老张' 就被 '老李' 给替换了。同一个车厢里座位编号是唯一的，在同一个程序代码执行的范围内变量也是唯一的，这样才不会导致数据错乱。

常用的几种数据类型

变量中存放的值在计算机术语中称为数据。计算机可以处理许许多多不同类型的数据，

例如数字、文字、图片、声音、影像等等。在现实生活中，数据也无处不在。比如描述一个人的基本信息就包括：姓名、出生日期、性别、体重、身高、家庭住址、联系电话等等，我们发现这些数据之中，有一些是可以利用数学里的运算符进行运算的，有一些是无法计算的，程序中为了区分哪些数据可以运算，就将数据进行了分类。

数据类型	用途描述	范例	补充说明
字符串类型	存放一个或多个字符	name = '老李'	需要放置在一对单引号或者双引号中
整型	存放整数类型数值	number = 233	直接写上整数
布尔类型	存放条件的真假判断结果	flag = False	只有 2 个值：True, False
浮点型	存放有小数点的数值	weight = 65.8	存放带小数点的数

变量的赋值方式

为一个变量赋值的方式比较多，跟 Scratch 中是基本一致的，常见的有以下几种方式：一种是定义变量时候给予它初始值，例如：name='大白兔'，第二种是将另一个变量的内容赋予它，例如 b=a；第三种就是后面即将学到的运算符与变量组成的算式（编程中称为表达式），如图 5-3 所示。

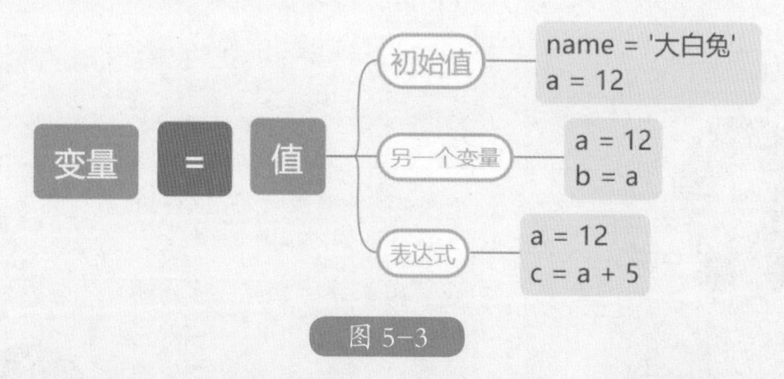

图 5-3

我们用 Scratch 来做一个简单的计算题：例如，计算 2 的乘法，定义一个变量 a，初始值为 2，再定义一个变量 b，b 的值是用户输入的一个任意数，来自于另一个变量回答，再定义变量 result 用来存储计算结果，它的值就是一个表达式 a × b 写作 a*b。小伶姐姐很快用 Scratch 实现了例题，如图 5-4 所示。

图 5-4

姐姐，我来试试用 Python 实现它。

小白很快在自己的电脑上写下以下这段代码：

```
a = 2
b = input(' 请输入： ')
result = a * b
print(result)
```

他保存并运行后发现，不管输入什么都会同样输出两个一模一样的数：

```
请输入：13
1313
>>>
```

小白，上一章还特别强调了这个问题哦！你怎么忘啦！

对，想起来了，因为变量b是字符不是数字。

Python 认为文字乘以一个整数 n，是想输出 n 遍相同的文字，所以当你输入数字时，它会重复 2 遍输出同一个数字。如果我们想把输入的数字转化成可以运算的数，就需要类型转换了。小伶稍微修改了一下程序：

```
a = 2
b = input('请输入：')
b = int(b)
result = a * b
print(result)
```

数据类型转换

基本的数据类型之间可以相互转换，需要注意的是，在 Python 中英文字母和汉字是不能转换为数字类型的。

➢ int(x)

将数据转换为整数型，例如：

```
>>>int("123")
123
```

➢ str(x)

将数据转换为字符串，例如：

```
>>>str(3.141592653)
'3.141592653'
```

➢ float(x)

将数据转换成带小数的数（浮点数）。

```
>>>float(650)
650.0
>>> float("3.141592653")
3.141592653
```

➢ bool(x)

将数据转换为 True 或 False，当传入内容为数字时， 0 转换结果为 False ，其他转换结果为 True，传入有内容的字符串都返回 True，没有内容的字符串则返回 False。例如：

```
>>> bool(0)
False
>>> bool(35)
True
>>> bool("")
False
>>> bool("False")
True
```

命名有规范

现在我们已经了解变量是如何定义的，以及它们的赋值过程，今后还会用到更多的变量，因此我们一定要好好了解并记住变量的一些规则。

程序运行后，内存会给程序中的每个变量划分一个区域，这些区域就像一个个房间一样，例如我们住的地方有一个“门牌”，那么变量也有“门牌”——变量名。就像门牌号是无重复的，同一个程序中多个变量的名字也需要各不相同，这样数据才能安全存放在指定的变量中。那么变量的命名还有什么规则呢？

✧ 区分大小写字母

在 Python 中，字母的大小写不同都会被认为是不同的变量名，例如：

```
name = " 张阿三 "
Name = " 李小四 "
print(name)
print(Name)
```

则会输出：

```
张阿三
李小四
>>>
```

✧ 变量名不能以数字开头

编程语言中，变量的名字可以由英文字母、下划线、数字构成，但是数字不能出现在变量名字的第一个，例如：1a = 1 4E = False 都是错误的。如果需要在变量中使用数字，可以将数字写在后面，如下：

```
num1 = 1
num_2 = 233
```

✧ 变量名中间不允许使用空格

变量名字的中间不允许有空格，比如 my family 就是错误的变量名。

✧ 变量尽量用有意义的名字

比如存放名字的变量取名 name，存放数字的变量命名为 number（可以简写成 num）等等，有意义的名字更能让人读懂程序的逻辑以及这个变量的用途。假如我们去查看一大段比较复杂的程序，如果变量的名字是 a、b、c、d 这样的简单的字母，那么要看懂这段程序就变得很困难。

买土豆

小白回到家，看到妈妈正在削土豆皮，他突然想到用今天所学的内容来设计一个收银的小程序。一斤土豆需要 3.5 元，今天妈妈一共买了 4 斤，那么需要多少钱呢？

程序设计思路如下。

已知条件：一斤土豆需要 3.5 元；妈妈一共买了 4 斤土豆。

未知内容：4 斤土豆的总价格，总价格 = 土豆单价 × 购买数量。

```
price = 3.5
quantity = 4
money = price * quantity
print(" 最终金额是：",money)
```

妈妈看到小白实现的程序，笑着问莫小白购买土豆的数量可不可以自己输入呢？小白立马修改了一下，以后妈妈想要购买多少土豆都能很快算出需要带的钱。

```
price = 3.5
quantity = input(" 输入购买的数量：")
quantity = int(quantity)
money = price * quantity
print(" 最终金额是：",money)
```

变量中的整型、浮点型这些都是数字，一般很容易想到是用来计数、做数学运算之类的，那么字符串呢?

字符串是 Python 中最常用的数据类型，可以说无处不在。比如我们系统登录时要输入用户名和密码，这就需要用到字符串比较，校验密码是否正确；输入验证码，我们填写时一般不区分大小写，那是因为程序在后期比对的时候都会统一将输入的字符转换为大写或者小写再进行比较，这些都跟字符串的操作相关。字符串的应用非常广泛，因此相关的操作方法也很多，下面只列举几个常用的方法。

常用的字符串处理方法

➢ str1+str2

使用“+”可以对多个字符串进行拼接。

程序示例:

```
str1='I love'
str2="python"
print(str1+str2)
```

运行结果：

```
i love python
>>>
```

➢ str[起始位置 : 结束位置]

截取字符串中的一部分，str[0:2] 从第一个位置开始，但是不包含第 3 个字符。

程序示例：

```
str="I love python"
print(str[2:6])   # 第一个字符的位置是 0
```

运行结果：

```
love
>>>
```

➢ len(str)

返回字符串长度。

程序示例：

```
str="I love python"
print(len(str))
```

运行结果：

```
13
>>>
```

➢ str.capitalize()

将字符串的第一个字符转换为大写。

程序示例：

```
str="i love python"
print(str.capitalize())
```

运行结果：

```
I love python
>>>
```

➢ str.count(sub)

统计字符串里某个字符出现的次数。

程序示例：

```
str="I love python"
print(str.count("o"))
```

运行结果：

```
2
>>>
```

➢ str.find(sub)

字符串中是否包含某个内容，如果包含返回开始的索引值，否则返回 -1。

程序示例：

```
str="I love python"
print(str.find('python'))
```

运行结果：

```
7
>>>
```

➢ str.lower() / str.upper()

将字符串转换为小写 / 大写。

程序示例：

```
str="I love python"
print(str.lower())
print(str.upper())
```

运行结果：

```
i love python
I LOVE PYTHON
>>>
```

➢ str.replace(old, new)

方法是把字符串中的 old（旧字符串）替换成 new(新字符串)。

程序示例：

```
str="I love python"
print(str.replace('python', 'programming'))
```

运行结果：

```
I love programming
>>>
```

计算机二级真题——字符替换

八百标兵奔北坡，炮兵并排北边跑，炮兵怕把标兵碰，标兵怕碰炮兵炮。八百标兵奔北坡，北坡八百炮兵炮，标兵怕碰炮兵炮，炮兵怕把标兵碰。八了百了标了兵了奔了北了坡，炮了兵了并了排了北了边了跑，炮了兵了怕了把了标了兵了碰，标了兵了怕了碰了炮了兵了炮。

题目要求：将上面绕口令中出现的字符“兵”，全部替换为“将”，输出替换后的字符串。

该题目主要考查 Python 字符串的替换方法：replace(old,new)。

参考答案

```
str=" 八百标兵奔北坡，炮兵并排北边跑，炮兵怕把标兵碰，标兵怕碰炮兵炮。八百标兵奔北坡，北坡八百炮兵炮，标兵怕碰炮兵炮，炮兵怕把标兵碰。八了百了标了兵了奔了北了坡，炮了兵了并了排了北了边了跑，炮了兵了怕了把了标了兵了碰，标了兵了怕了碰了炮了兵了炮。"

str = str.replace(' 兵 ',' 将 ')

print(str)
```

运行结果：

```
八百标将奔北坡，炮将并排北边跑，炮将怕把标将碰，标将怕碰炮将炮。八百标将奔北坡，北坡八百炮将炮，标将怕碰炮将炮，炮将怕把标将碰。八了百了标了将了奔了北了坡，炮了将了并了排了北了边了跑，炮了将了怕了把了标了将了碰，标了将了怕了碰了炮了将了炮。

>>>
```

练一练

一、选择题

1) 下面变量命名错误的是______。

A. hello　B. _myClass　C. 999good　D. Hahaha099

2) 观察下面的程序，请选择输出结果______。

```
a = 3
b = 6
a = b
print(a)
```

A. 3　B. 6　C. 9　D. 18

3) 观察下面的程序，请选择输出结果______。

```
a = 3
b = 6 + a
a = b + a
print(a)
```

A. 3　B. 9　C. 12　D. 18

4) 观察下面的程序，请选择输出结果______。

```
name = " 老李 "
naMe =  " 老张 "
NamE = " 老黄 "
NAME = " 老赵 "
NAME = name
print(NAME)
```

A. 老李　B. 老张　C. 老黄　D. 老赵

【参考答案】

一、1) C ; 2) B ; 3) C ; 4) A。

练一练

二、上机练习题

已知三角形的面积计算公式为 $S_{面积}$ = 底 × 高 ÷2，请编写代码求出三角形的面积，假设底为 a, 高为 h, 面积为 s (提示：乘号为 *，除号为 / , a 和 h 任意指定一个正整数)。

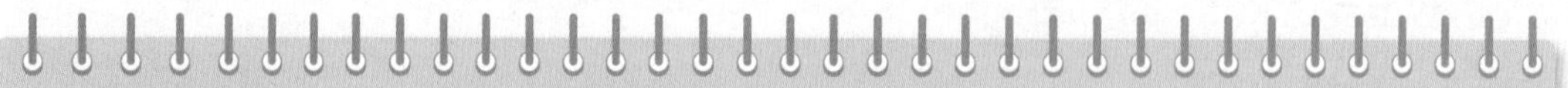

【参考答案】

二、上机练习题

```
a = input(' 请输入三角形的底： ')
h = input(' 请输入三角形的高： ')
a = int(a)   # 将 a 的值转换为整型
h = int(h)   # 将 h 的值转换为整型
s = a * h / 2
print(s)
```

第6章 运算符

小伶姐姐，关于变量及数据类型说了这么多，它的用法跟 Scratch 一样吗？

不要急，在 Scratch 中还记得运算模块吧，这就是你接下来要学习到的东西——运算符。变量、数据与运算符组合起来，这个组合有一个专业术语名字叫表达式。

算术运算符

➢ 四则运算

在使用变量的时候，除了直接设定为一个数值外，有可能还会需要去运算获取结果，比如四则运算符号。在 Python 中，也可以把表达式的运算结果赋予变量，只需要在赋值符号“=”右侧写上表达式即可，例如 a=7+10 这句代码，程序会先运算“7+10”这个表达式得到结果，再通过“=”符号把结果赋予给 a。下面对比一下运算符的使用及如何通过运算符给变量赋值。

Scratch 指令积木	Python 源码
将 a 设为 7 + 10	a=7+10
将 a 设为 15 - 3	b=15-3
将 a 设为 6 * 7	c=6*7
将 a 设为 12 / 4	d=12/4

需要注意的是，在数学知识中除数不能为 0，程序中也同样不能将除数赋值为 0，如果将一个内容为 0 的变量当除数进行运算时，程序运行就会报出错误：

```
Traceback (most recent call last):
  File "<pyshell#59>", line 1, in <module>
    c=a/b
ZeroDivisionError: division by zero
```

➢ 整除（向下取整）

咦？为什么我计算6除以3，结果不是2却是2.0呢？

源码	运行结果
a=6/3 print(a)	>>> 2.0

原来在Python(Python 3.x版本)中，默认除法运算的结果为浮点数类型（小数类型），所以6/3的运算结果就变成了2.0，如果想让运算结果变成一个整数类型的数据，可以用整除符号“//”，整除运算符号运算除法后，结果保留整数部分并忽略小数部分。

源码	运行结果
a=10//3 print(a)	>>> 3

Python中的整除符号与Scratch运算分类下的“向下取整”作用是一样的，我们来对比一下程序。

Scratch指令积木	Python源码
将 a 设为 向下取整 10 / 3	a=10//3

➢ 取模——返回除法的余数

在数学中，偶数是能够被2所整除的整数，它能被整除说明它除以2的余数肯定是0。余数在程序中也是经常用到的一个运算结果，在编程中也有一个专门求取余数的运算符——取模运算符。写作%（mod [mɒd]），结果返回运算除法后的余数。

Scratch 指令积木	Python 源码
将 a 设为 25 除以 3 的余数	a=25%3

练一练

假设文具店有一种笔是 2 元 1 支，我揣着 65 元去文具店，我最多能买多少支笔？买完笔后还剩下多少元？

这个简单，我只要求出整除的结果和取模就可以了。

```
money = 65  # 定义变量，存储拥有的钱数
price = 2  # 定义变量，存储笔的单价
count = money // price  # 定义变量，存储整除的结果
rem = money % price  # 定义变量，存储求余的结果
print(' 可以购买的数量：',count)
print(' 剩余的钱数：',rem)
```

输出结果：

```
可以购买的数量： 32
```

```
剩余的钱数： 1
>>>
```

➢ 幂运算符

接下来要讲的这个运算符可就厉害了，算是乘法的大招——两个乘号“**”，它能运算得到 n 个相同的数相乘的结果，也就是乘方的运算结果——幂，被称作幂运算符（在初中的数学中会学到这个运算）。

幂运算符“**”的左侧是乘数，右侧是乘数的个数。

源码	运行结果

a=2**4 # 运算 4 个 2 相乘的结果
print(a)
	>>>
	16

神奇的数

一位叫科恩的人，无意间最先发现了 153 所具备的一些美妙特性。比如，153 是 1~17 连续自然数的和，即：1 + 2 + 3 +…+ 17 = 153。再比如，153 是 3 的倍数，而且它的各位数的 3 次方和仍是 153。兴奋之余，科恩找来 3 的其他倍数进行验证，发现，只要是 3 的倍数，重复进行“把它各位数字的三次方相加”的操作，最终经过有限多次重复，总能得到 153，然后再也不会变了。

源码	运行结果
a=1**3+5**3+3**3 print(a)	>>> 153

小白是不是很有意思？你可以再试试其他数，比如 351。

哇，数学真奇妙！

连接符

有时候在程序中需要将两段文字即两个字符串拼接在一起形成新的字符串，在 Scratch 3 中我们可以使用 连接 apple 和 banana 这个积木将两部分内容拼接在一起。在 Python 中，将两段字符串连接起来则需要“+”或者“，”号，当加号“+”与字符串组合成表达式时，它的含义就变成了“连接”，如下：

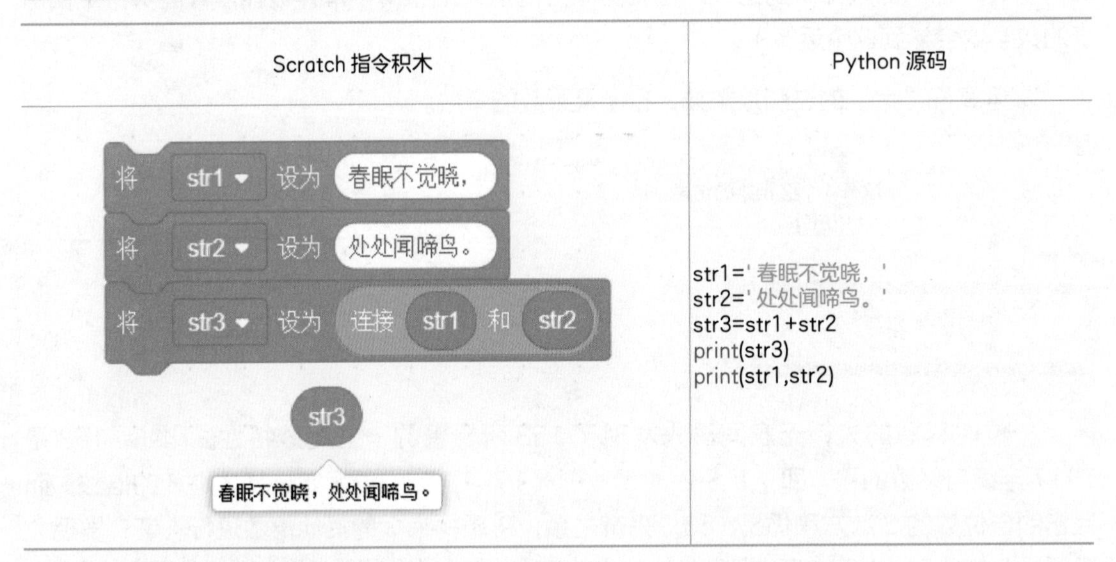

Scratch 指令积木	Python 源码
将 str1 设为 春眠不觉晓， 将 str2 设为 处处闻啼鸟。 将 str3 设为 连接 str1 和 str2 str3 春眠不觉晓，处处闻啼鸟。	str1='春眠不觉晓，' str2='处处闻啼鸟。' str3=str1+str2 print(str3) print(str1,str2)

比较运算符

我们平时数学中常用的 >、<、=（如图 6-1 所示）就是比较运算符。

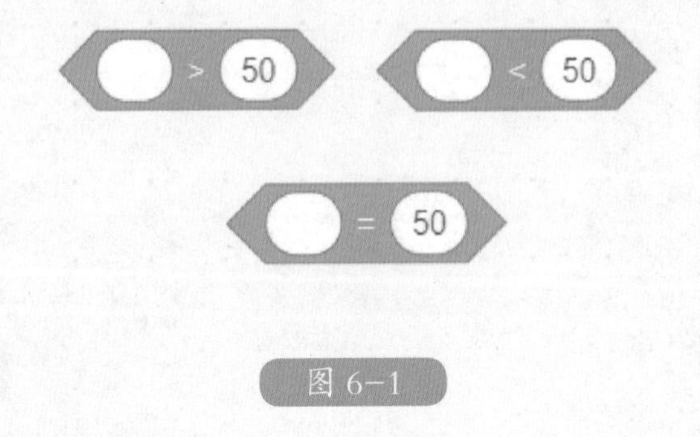

图 6-1

那 Scratch 运算中比较大小的积木指令又属于什么运算符？

这叫做比较运算符，结果是一个布尔类值（True 或 False）。

在 Python 关系运算符有六种：大于（>）、小于（<）、大于等于（>=）、小于等于（<=）、等于（==）、不等于（!=）。

符号	含义	示例	介绍
>	大于	print(a>b)	如果 a 大于 b，结果为 True，否则结果为 False
<	小于	print(a<b)	如果 a 大于 b，结果为 True，否则结果为 False
>=	大于等于	print(a>=b)	如果 a 大于等于 b，结果为 True，否则结果为 False
<=	小于等于	print(a<=b)	如果 a 小于等于 b，结果为 True，否则结果为 False
==	等于	print(a==b)	如果 a 等于 b，结果为 True，否则结果为 False
!=	不等于	print(a!=b)	如果 a 不等于 b，结果为 True，否则结果为 False

示例如下：

源码

```
a = 10
b = 15
print('a>b:', a>b)
print('a<b:', a<b)
print('a>=b:', a>=b)
print('a<=b:', a<=b)
print('a==b:', a==b)
print('a!=b:', a!=b)
```

运行结果

```
>>>
a>b: False
a<b: True
a>=b: False
a<=b: True
a==b: False
a!=b: True
```

逻辑运算符

Python 中逻辑运算符为三个英文单词：and(和 / 与)、or(或者)、not(不成立)，与 Scratch 是一致的，如图 6-2 所示。

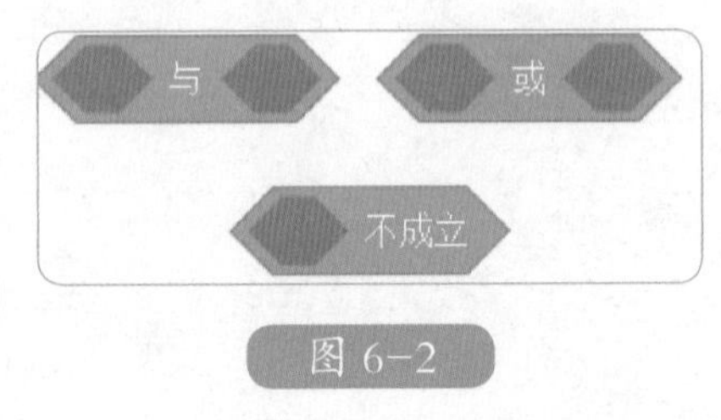

图 6-2

它们都需要与 2 个关系运算表达式相结合使用，如下：

符号	示例	介绍
and	print(a>=10 and a<=20)	and 两侧都为 True 时，结果为 True，否则结果为 False
or	print(a>10 or a<20)	如果 a 大于 10；a 小于 20 这 2 个条件中有一个是成立，则结果为 True，2 个条件都不成立，则结果为 False
not	print(not a<10)	如果 a 不满足【a<10】这个条件，结果为 True，否则结果为 False

示例如下：

源码	运行结果
a = 9 print(a>=10 and a<=20) print(a>10 or a<20) print(not a<10)	>>> False True False

赋值运算符

在学习如何定义一个变量时，就已经使用“=”，它的含义不再是“等于”而是“赋予”的意思，在编程中有个专业术语称呼——赋值运算符。

例如 a=7 这句代码，当程序执行这句代码时，是将 7 赋予 a 这个变量。Scratch 指令积木与 Python 源码对比如下：

Scratch 指令积木	Python 源码
将 a 设为 7	a=7

下面介绍特殊的赋值运算符。

当“=”与算术运算符组和在一起的时候（算术运算符在前等号在后）就变成了一种特殊的赋值运算符，这种赋值运算符其实是一个表达式的缩写，比如 c += a 等效于 c = c

+ a，这在 Scratch 中是大家没有见过的。

赋值运算符	描述	示例
+=	加法赋值运算符号	a+=b 相当于 a=a+b
-=	减法赋值运算符号	a-=b 相当于 a=a-b
*=	乘法赋值运算符号	a*=b 相当于 a=a*b
/=	除法赋值运算符号	a/=b 相当于 a=a/b
//=	整除赋值运算符号	a//=b 相当于 a=a//b
%=	求余赋值运算符号	a%=b 相当于 a=a%b
**=	幂运算赋值运算符号	a**=b 相当于 a=a**b

运算优先级

当多种运算符出现在同一个表达式中时，应该先按照不同类型运算符间的优先级进行运算。各种运算符间的优先级如图 6-3 所示，即算数运算符 > 比较运算符 > 逻辑运算符。可以用括号改变优先级顺序，使得括号内的运算优先于括号外的运算。

图 6-3

根据优先级，表达式 10+2*10>20 and 10+2**3<20 经过算术运算可以变为 30>20 and 18<20 再进行比较运算，30 大于 20 成立，18<20 成立，得到 True and True 最后进行逻辑运算，and 两侧都是 True，因此这个表达式的最终结果为 True。

练一练

一、选择题

1) Python 中向下取整的运算符是______。

A．/　　B．%　　C．//　　D．%%

2) 已知 a='10'，b=2 下面正确的表达式是______。

A．a/b　　B．int(a)/b　　C．int(a/b)　　D．(int)a/b

3) 已知 a=10，b=2 那么执行 a+=b 后 a、b 的值是______。

A．10．12　　B．12．2　　C．12．12　　D．2．12

4) 能正确表示逻辑关系 a>10 或者 a<0 的表达式是______。

A．a>10 || a<0　　B．a>10 or a<0

C．a>10 && a<0　　D．a>10 and a<0

二、上机练习题

东风机器厂原计划每天生产 240 个零件，18 天完成。实际比原计划提前 3 天完成，实际每天比原计划多生产多少个零件？

分析与解：要求实际每天比原计划多生产多少个零件，得先求出实际每天生产多少个零件，再减去计划每天生产的零件数。

【参考答案】

一、1）C；2）B；3）B；4）B。

二、上机练习题

```
total=240*18  # 零件总数
print(' 总数为：',total,' 个 ')
s=total/(18-3)  # 实际每天生产零件个数
s=int(s)  # 转为整形
print(' 每天实际生产：',s,' 个 ')
dif=s-240  # 实际比计划每天多生产的数量
print(' 实际比计划每天多生产 ',dif,' 个 ')
```

第7章

条件语句

在日常生活中，我们无时无刻不在做选择题：比如走到岔路口，选择走哪条路？写完作业我是看电视还是读书？暑假我去学舞蹈还是学编程？在程序设计中也是一样的，对于要先做判断再选择的问题就要使用分支结构，也称为条件语句。

当程序中需要针对不同的情况去执行不同的事情的时候，这时就要通过计算判断含有关系运算符或者逻辑运算符的式子（表达式）是否成立，针对成立或者不成立分别去做不同的事情。

其实在Scratch中我们就使用过它了，它就是控制分类下的[如果…那么…]和[如果…那么…否则…]这两个指令积木（图7–1）。

对，上一章我们学的运算符知识很少会单独运用，更多的时候是用于程序逻辑判断、控制，我们来看个例子。

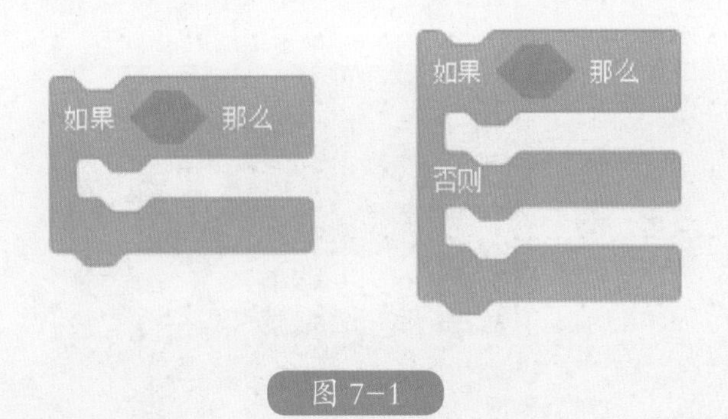

图 7-1

非此即彼

小白和小伶相约周末去公园游玩，然而周末却下起了大雨……无奈之下，他们只好改道去电影院看电影。用代码去描述这一件事情，如何去实现呢？

先不要急着写代码，首先分析一下事情的经过，提取出重要的信息。

分析一下事情的经过，小白和小伶去公园还是电影院的抉择条件是天气是否会下雨，将事情经过绘制成具体的流程图，如图 7-2 所示。

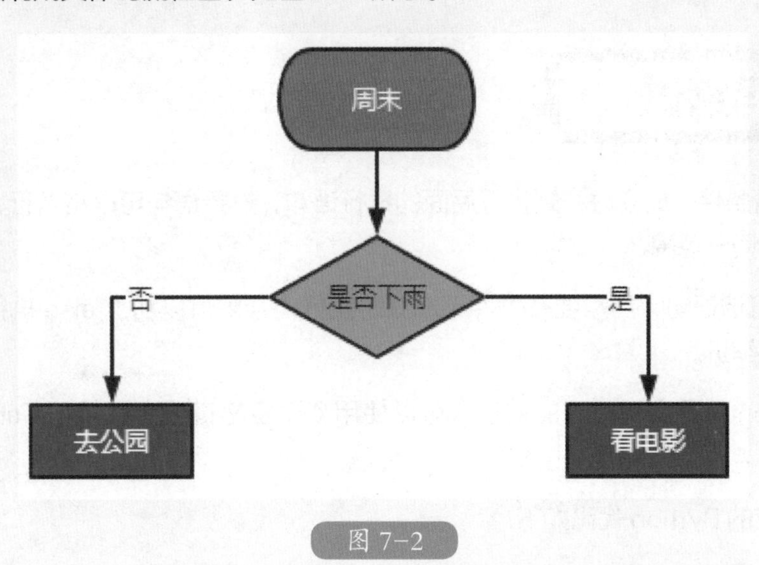

图 7-2

在熟悉的 Scratch 3 中，可以将“是否下雨”创建为变量，变量仅仅存储“是”或“否”两个值，判断变量的内容与“是”是否相等，如果相等则菱形积木结果为 True，舞台角色便会说出“我们去电影院！”，否则舞台角色说出“我们去公园”，如图 7-3 所示。

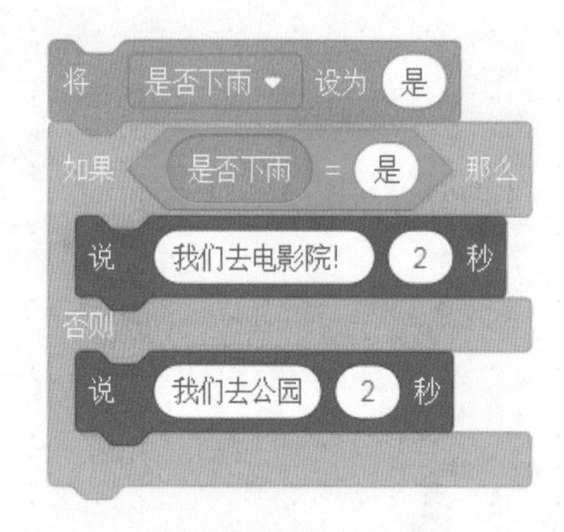

图 7-3

在 Python 中条件语句由关键字 if、else 与判断条件加上“:”组成，形式如下:

```
if 判断条件:
    执行语句……
else:
    执行语句……
```

代码缩进

当“判断条件”成立时，则执行后面的执行语句，执行语句可以有多行，需要通过缩进来区分表示同一范围。

else 为可选语句，当需要在条件不成立时执行内容则可以加上 else 执行相关语句，此处同样需要缩进。

在 Python 中要实现代码的缩进，可以使用 4 个空格键或者直接按 Tab 键，当按下 Tab 键就能有 4 个空格的缩进长度。

因此对应的 Python 代码如下:

```
# 定义变量 isRainning 存储下雨的情况，下雨为 True, 不下雨为 False
isRainning=True
if isRainning:   # 当 isRainning 为 True 执行
    print("去电影院")
else:   # 当 isRainning 为 False 执行
    print("去公园")
```

还需要注意的是，条件语句 if-else 中，else 后是不能写入任何内容，即：

```
isRainning=True
if isRainning:
    print("去电影院")
else isRainning==False:
    print("去公园")
```

错误写法

小白，参考上面的例子做个练习吧，要求键盘输入星期几，如果是周末，输出“可以休息休息”，否则输出“努力学习”。

判断周末，那就要用到逻辑运算符“or”，周六或者周日，看我的！~

耶！判断条件除了可以是布尔类型的变量以外，也可以是运算结果为布尔值的表达式，称为条件表达式。

```
day=input(' 今天星期几？输入数字 1-7：')
if day=='6' or day=='7':   # 是周六或者周日
    print(' 可以休息休息 ')   # 注意缩进
else:
    print(' 努力学习 ')   # 注意缩进
```

多条件分支结构

当需要判断多个条件表达式时，单一的 if-else 语句就无法实现所需要的功能，例如，如何按照以下罗列的内容来划分成绩的等级？

1. 90~100 分评为优秀，

2. 80~89 分评为优良，

3. 70~79 分评为良好，

4. 60~69 分评为及格，

5. 而 60 分以下评为不及格。

这里就需要判断 5 个条件，并且对应执行输出不同的结果，由此就需要较为复杂的条件语句，它的格式如下：

```
if 判断条件 1:
    执行语句 1……
elif 判断条件 2:
    执行语句 2……
elif 判断条件 3:
    执行语句 3……
……
else:
    执行语句…… # 以上条件都不满足
```

参照多条件条件语句的格式，根据5个条件进行成绩划分，并对应输出评价，程序如下：

```
score=input('请输入你的成绩(0-100)：')
score=int(score)   # 进行类型转换
if score>=90:
    print('优秀')
elif score>=80 and score<90:
    print('优良')
elif score>=70 and score<80:
    print('良好')
elif score>=60 and score<70:
    print('及格')
else:
    print('不及格')
```

题目中我们是根据分数从高到低，按顺序划分条件的，当前面4个条件都不满足时，那就只剩下小于60分的了，因此最后一个条件可以不用写elif score <60，直接用else即可。

闰年还是平年

小白，你知道2020年是闰年吗？

知道呀，因为我的生日就是2月29日。每四年才能过一次生日。

闰年是人们为了弥补因人为历法规定造成的年度天数与地球实际公转周期的时间差而设立的，补上时间差的年份为闰年。闰年共有 366 天，闰年又分为普通闰年和世纪闰年，普通闰年的公历年份是 4 的倍数，且不是 100 的倍数；而世纪闰年的公历年份是 400 的倍数，满足 2 种条件其中的一种，就是闰年。

梳理并分析条件，如下：

✧ 年份能被 4 整除不能被 100 整除，即判断余数是否为 0 => year%4==0 and year%100!=0

✧年份能被 400 整除 => year%400==0

这两个条件只要其中一个成立，则可以判定为闰年，这里则需要逻辑运算符中的 or 来连接两个条件，如下：

```
year = 1900
if (year %4==0 and year%100!=0) or year%400==0:
    print(' 是闰年 ')
else:
    print(' 是平年 ')
```

运行一下，看看运行结果是什么吧。

计算机二级真题——打折

某商店出售某品牌服装，每件定价 150，1 件不打折，2 件（含）~3 件（含）打九折，4 件（含）~9 件（含）打八折，10 件（含）以上打七折。

题目要求：键盘输入购买数量，屏幕输出总额（保留整数）。示例格式如下：

输入：8

输出：总额为 : 960

分析：该题目主要考查 Python 多条件语句 if……elif……的使用，对给出的题目进行条件划分，将对应的折扣转换为算数表达式，计算结果即可。

这里需要注意的两点：

●键盘输入的数字要进行类型转换，否则程序会出现错误；

●根据题目要求，输出显示要保留整数，这里没有强调四舍五入，可以直接用 int() 取整。

定义变量：n(衣服数量) p(总金额)

1 件不打折 ： 如果 n==1, 那么 p=15*n

2 件（含）到 3 件（含）打九折 : 如果 1<n<4, 那么 p=15*n*0.9

4 件（含）到 9 件（含）打八折 : 如果 3<n<10, 那么 p=15*n*0.8

10 件（含）以上打七折 : 如果 9<n, 那么 p=15*n*0.7

如果 n 都不满足这些条件，就提示输入错误（比如输入 0、-1 等）

【参考答案】

```
n = input(' 请输入购买数量 ')
n = int(n)   # 数据类型转换
```

```
p = 0
if n == 1:
    p = 150 * n
    print('总金额：', int(p))
elif 1 < n < 4:
    p = 150 * n * 0.9
    print('总金额：', int(p))
elif 3 < n < 10:
    p = 150 * n * 0.8
    print('总金额：', int(p))
elif 9 < n:
    p = 150 * n * 0.7
    print('总金额：', int(p))
else:
    print('输入错误')
```

练一练

一、选择题。

1）表达式 8 == 9 的运算结果是______。

A．True　　B．False　　C．1　　D．2

2）一个数 n 能被 3 整除又能被 5 整除，下面哪个表达式得到的结果可能不符合要求______。

A．n%15==0　　B．n%3==0 and n%5==0

C．not n%15!=0　　D．n%3==0 or n%5==0

练一练

3）多条件分支判断中可能会用到下列语句______。

A. if　　　B. elif　　　C. else　　　D. 以上都对

二、阅读程序写结果。

```
n = int(input(" 请输入一个数："))
if n%7 == 0:
    flag = True
else:
    flag = False
if not flag:
    print("yes")
else:
    print("no")
```

输入：34

输出：____________

三、上机练习题

编写程序，根据键盘输入的时间（输入小时忽略分）给出不同的问候语，具体如下：

0点~6点：晚上没睡吗，别这样啊！

6点~8点：早上好！

8点~11点：上午好！

11点~18点：下午好！

18点~22点：晚上好！

22点~24点：太晚了，注意休息！

其他：输入有误，时间不对啊！

【参考答案】

一、1）A；2）D；3）D。

二、因为 34 不能被 7 整除，所以 flag 的值为 Flase，那么 not flag 的值就是 True，因此输出结果是 yes。

三、上机练习题

```
h=input('现在是几点钟（忽略分）：')
h=int(h)  # 进行类型转换
if h>=0 and h<6:
    print('晚上没睡吗，别这样啊！')
elif h>=6 and h<8:
    print('早上好！')
elif h>=8 and h<11:
    print('上午好！')
elif h>=11 and h<18:
    print('下午好！')
elif h >= 18 and h<22:
    print('晚上好！')
elif h>=22 and h<=24:
    print('太晚了，注意休息！')
else:
    print('输入有误，时间不对啊！')
```

第 8 章

循环语句

姐姐，分支语句我已经完全熟悉了，接下来将要学习的是循环语句吧？

别急别急～你先说说，什么是循环？

循环就是重复地做某件事情，在 Scratch 中也有类似的积木，那就是「重复执行」、「重复执行（10）次」、「重复执行直到 < >」这三个指令积木。

哈～Python 中循环语句有 2 个：一个是 while 循环语句，另一个是 for 循环语句。

while 循环语句

在 Python 中循环语句有两种：

➢由条件控制循环次数的语句—— while 循环语句

➢根据明确次数来循环执行的语句——for 循环语句

在 Scratch 中使用「重复执行」指令积木的时候，如果没有使用停止的指令积木，程序会持续不断地一遍又一遍执行在「重复执行」积木中的脚本，直到按下舞台上的停止按钮程序才会停下来。而在 Python 中也有类似效果的代码指令语句，即 while 循环语句。

while 循环语句通过判断条件表达式的值是否为 True，当运算结果为 True 时，它将会执行里面的代码，执行完毕后会再次判断条件表达式的运行结果，周而复始重复执行直到表达式值为 False 才停下来。

while 循环语句的格式如下，while 关键字后可以写布尔值数据 True 或 False，或者是运算结果为布尔类型的表达式：

```
while [ 条件表达式 ]:
    执行语句…
```

先来用熟悉的 Scratch 做一个小程序，让角色重复说出他是“猫先生”。

小白很快就完成了以下的积木块编辑，小伶姐姐看完之后，将这段 Scratch 的指令积木块用 Python 实现出来，如图 8-1 所示。

```
while True:
    print(' 我是猫先生 ')
```

图 8-1

运行 Python 的代码之后，在 Python Shell 窗口中不断地输出“我是猫先生”。

while 关键字后跟随 True ，意味着这个循环语句执行时判断条件的结果永远成立，它将会不断地重复执行代码。直到把 Python Shell 窗口关闭才会停止下来。这样的循环，在编程中称为“死循环”。

做一道简单的数学题：输入 4 个数，最后输出它们的平均数。

小伶让小白动手试试。小白按照自己的想法写出以下的代码：

```
n1 = int(input(' 请输入数字 1: '))
n2 = int(input(' 请输入数字 2: '))
n3 = int(input(' 请输入数字 3: '))
n4 = int(input(' 请输入数字 4: '))
sum = n1 + n2 + n3 + n4
average = sum / 4
print(f' 这四个数的平均数为 {average}')
```

程序运行之后，小白在运行程序的窗口中按照提示依次输入：1，2，3，4，输入完毕后，程序运行输出结果为 2.5，如下：

```
请输入数字 1: 1
请输入数字 2: 2
请输入数字 3: 3
请输入数字 4: 4
这四个数的平均数为 2.5
```

假如题目改了，变成需要输入 10 个数或者 20 个数，来求它们的平均数，你是不是打算写 10 行或者 20 行输入的代码呀？其实不必这么麻烦，我们可以用 while 循环语句来实现它。

如何用 while 循环语句呢？

分析一下小白写的代码，发现输入的语句除了提示输入的第几个数不同，其他的都是十分相似，题目要求是累加所有输入的数后再来求取平均值，所以可以使用一个变量来累加存储输入的内容，将小白的代码修改如下：

```
a = int(input(' 输入个数： '))  # 定义一个变量用来存储数字个数
b = 1  # 定义变量 b 用于 while 循环中计数
sum = 0  # 定义变量 sum 用于累加输入的数
while b <= a:  # 当变量 b 小于或等于个数，循环执行输入
    sum += int(input(f' 请输入数字 {b}: '))  # "+=" 累加求和
    b += 1  # 计数加 1，录入下一个数
ave = sum / a  # 平均数 = 总和 ÷ 个数
print(f' 这 {a} 个数的平均数为 {ave}')
```

程序运行之后，小伶输入个数 6，再依次输入：1，2，3，4，5，6，程序运行结果输出 3.5，如下：

```
输入个数: 6
请输入数字 1: 1
请输入数字 2: 2
请输入数字 3: 3
请输入数字 4: 4
请输入数字 5: 5
请输入数字 6: 6
这 6 个数的平均数为 3.5
>>>
```

「重复执行 (10) 次」与 for 循环语句

Scratch 中除了「重复执行」与「重复执行直到 < >」之外，还有一个重复执行积木——「重复执行 (10) 次」。当明确要重复执行的次数时，常常会用它来实现功能，例如用画笔绘制一个正三角形，需要重复执行 3 次绘画直线与左转 / 右转 120° 即可。Python 中可以使用 for 循环语句，格式为（通常用 range() 函数产生一个序列）：

```
for [ 变量 ] in [ 序列 ]:
    执行语句…
```

range() 函数的作用是产生一组有序的整数，如：[0,1,2,3,…9]，就称为一个序列。for 循环语句中用 range() 产生的序列来控制循环次数，例如循环输出 10 次“你好”就可以这么写：

```
for i in range(10):
    print(' 你好！ ')
```

range(start,stop,step)

「参数」其实就是一个变量，这个变量会影响到程序的结果。比如，我们使用微波炉的时候要设置时间，这个时间就是一个参数；在使用手机拍照时，设置模式、是否开启闪光灯等等，这些都可以理解为参数，后面我们还会专门介绍。

range() 函数的括号中可填入的三个参数。

➢start: 计数从 start 开始。默认是从 0 开始。例如，range(5) 等价于 range(0,5)。

➢stop: 计数到 stop 结束，但不包括 stop。例如，range(1,5) 是 [1, 2, 3, 4] 不包括 5。

➢step：步长，也就是间隔，默认为 1。例如，range(0,5,2) 是 [0, 2, 4] 不包括 5。

在 Python3.x 中 range() 产生的数列需要转换成列表才可以看到其中所有的数，可以直接使用 list() 类型转换的函数将 range() 产生的有序数列转换。

```
>>>list(range(10))   # 默认从 0 开始，产生从 0~9 的数列，间隔为 1
[0,1,2,3,4,5,6,7,8,9]
>>>list(range(1,11))   # 产生从 1~10 的数的数列，默认间隔为 1
[1,2,3,4,5,6,7,8,9,10]
>>>list(range(1,11,2))   # 产生从 1~10 的数的数列，间隔为 2
[1, 3, 5, 7, 9]
```

与 range() 函数一起使用，可以输出 range() 函数所产生的数列中的每一个数，如:

```
for a in range(100):
    print(a)
```

运行之后会打印输出 0~99 的数。

还可以用 for 循环输出字符串中的每一个字符，如下:

```
s =' 你好小白 '  # 定义字符串类型变量 s
for n in s:  # 通过 for 循环遍历字符串中每一个字符
    print(n)
```

运行打印输出，如下：

```
你
好
小
白
>>>
```

continue 与 break

姐姐，假设我要在 1~1000 这个范围内中查找 233，那是不是需要执行 1000 次呀？在 Scratch 中我可以通过 [停止当前脚本] 指令积木让它停下来，要是在 Python 中我该怎么办呢？

在 Python 中可以用 break 语句来结束循环，还可以用 continue 语句跳出当前所执行的循环代码块，执行下一轮循环。

例如，在 1~1000 中找出 233 这个数，那么当访问到的数是 233 时，就可以使用 break 结束循环。小伶根据小白说的程序需求，简单写了一个程序，如下：

✧ 使用 while 循环

```
a = 1   # 定义变量 a，初始值为 1
while a <= 1000:   # 在 a 小于或者等于 1000 时执行循环语句
    print(a)
    if a == 233:   # 判断 a 的数据是否等于 233，成立则结束循环
        print(' 找到 233 这个数字 ')
        break   # 当判断 a 等于 233 这个数成立时，跳出循环
    a+=1
```

✧ 使用 for 循环

```
for n in range(1000):
    print(n)
    if n == 233:
        print(' 找到 233 这个数字 ')
        break
```

在循环中当遇到某些情况，需要跳过后面的程序时，可以用 continue 语句结束本次循环操作，不再往下执行，转而继续下一轮循环。例如，在 1~100 中输出偶数，如下：

```
for n in range(1,101):
    if n % 2 !=  0:   # 判断 n 是否能被 2 整除
        continue   # 如果 n 不能被 2 整除，不再打印输出，而是跳过继续下一轮循环
    print(n,end=',')
```

运行结果如下：

```
2,4,6,8,10,12,14,16,18,20,22,24,26,28,30,32,34,36,38,40,42,44,46,48,50,52,
54,56,58,60,62,64,66,68,70,72,74,76,78,80,82,84,86,88,90,92,94,96,98,100,
>>>
```

鸡兔同笼

「鸡兔同笼」是一道很有名的数学题。《孙子算经》中就记载了这个有趣的问题。

书中是这样叙述的："今有雉兔同笼，上有三十五头，下有九十四足，问雉兔各几何？"意思就是有若干只鸡和兔子同在一个笼子里，从上面数有 35 个头；从下面数则有 94 只脚。求笼中各有几只鸡和兔。

这道题如果用编程来实现该怎么做呢？

假设兔子的数量为 x，而鸡的数量为 35−x；则有 x×4+(35−x)×2=94。那么在程序中则可以定义变量 x 来代表兔子的数量，定义变量 y 来代表鸡的数量，假设 x=1，即有一只兔子，通过循环不断增加兔子数量，直到满足 x*4+y*2 等于 94 这个条件，便得到结果。如下：

```
for x in range(0,36): # x 代表兔子的数量，x 取值从 1~35
    y = 35 - x # 鸡兔共 35 只，则鸡的数量就是 35 减兔的数量
    if (x*4+y*2) == 94: # 如果鸡和兔子的脚总数等于 94，则输出结果并结束循环
        print(f' 鸡有 {y} 只，兔有 {x} 只 ')
        break
```

运行后输出结果：

```
鸡有 23 只，兔有 12 只
>>>
```

循环语句相互嵌套

姐姐，在 Scratch 中我可以把两个重复执行的积木相互嵌套起来，那 Python 是不是也可以这样做呢？

当然可以呀，来来来～看怎么在 Python 中实现循环语句嵌套。

在 Scratch 创作中，时常会使用两个重复执行指令积木相互嵌套来编写代码，例如绘制一个由正方形旋转构成的图案，便可以用两个「重复执行 (10) 次」指令积木来完成，如图 8-2 所示。内层的「重复执行 (4) 次」积木完成绘制一个正方形，而外面这一层「重复执行 (10) 次」积木则会重复执行内层的绘制正方形。当里面这一层的重复执行完成后，再执行旋转角度，然后回到外层循环，重复执行绘制正方形，并旋转角度，结果如图 8-3 所示。

图 8-2

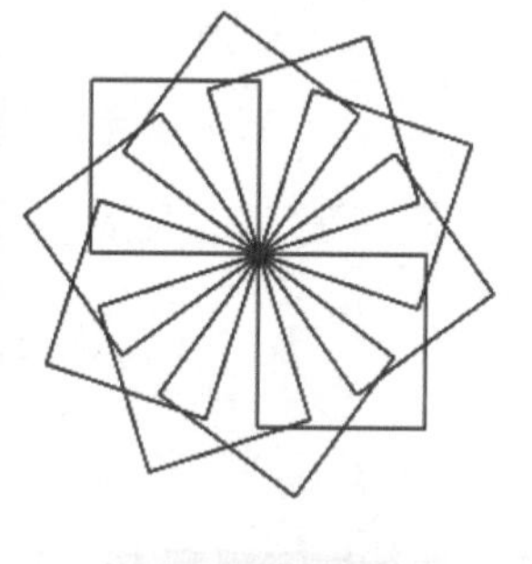

图 8-3

那么在 Python 中如何去实现呢？

在 Python 中有一个标准库可以像 Scratch 那样绘制图案，那就是——turtle 库，直接用 import 将它引用到程序中就可以了。

小海龟 turtle

下面是操纵海龟绘图最常见的一些命令，使用方法跟 Scratch 中的画笔基本一致。

```
import turtle
turtle.pendown()  # 画笔落笔
turtle.penup()  # 画笔抬笔
turtle.pencolor('red')  # 设置画笔的颜色
turtle.fillcolor('yellow')  # 设置填充的颜色
turtle.forward(100)  # 画笔向所指定方向前进指定的长度
turtle.left(90)  # 画笔向左调整 90°
turtle.right(90)  # 画笔向右调整 90°
turtle.pensize(5)  # 设置画笔的粗细为 5
turtle.done()  # 停止画笔绘制
```

新建一个 Python 文件，使用 turtle 库和 for 循环语句绘制一个正方形，如下：

```
import turtle
turtle.pendown()  # 落笔
for n in range(4):
    turtle.forward(80)  # 向前绘制 80 距离长度的线
    turtle.left(90)  # 画笔左转 90°
turtle.penup()  # 抬笔
turtle.done()  # 画笔停止绘制
```

保存代码并运行程序后，出现一个窗口，并有一个箭头绘制出一个正方形，如图 8-4 所示。

仿照 Scratch 的脚本来写，将上面的代码稍微修改一下，绘制正方形的这一块重复执行语句向右缩进，在它的上方再加入 for 循环语句。当里面这一层循环语句完成绘制正方形后，再让画笔左转 36°，如下：

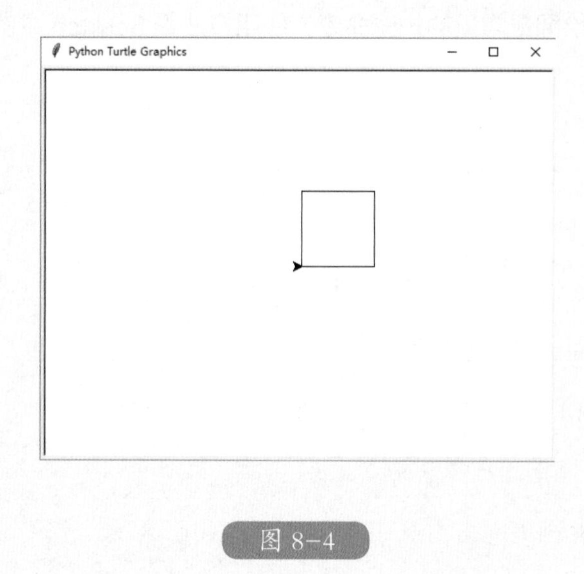

图 8-4

```
import turtle
turtle.pendown()   # 落笔
for m in range(10):
    for n in range(4):
        turtle.forward(80)   # 向前绘制 80 距离长度的线
        turtle.left(90)   # 画笔左转 90°
    turtle.left(36)
turtle.penup()   # 抬笔
turtle.done()   # 画笔停止绘制
```

再次保存后运行，弹出的窗口描绘出与 Scratch 绘制的图案相似的图案，如图 8-5 所示。

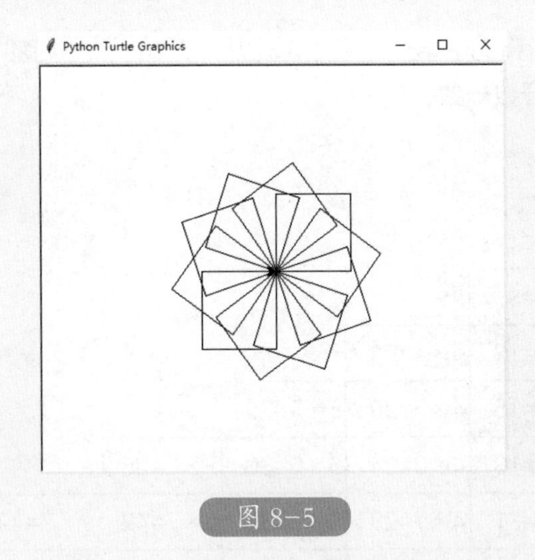

图 8-5

九九乘法表

观察一下图 8-6，这是一张九九乘法表，首先观察结构，它是 9 行 9 列，就可以想到用一个循环重复 9 次，输出 9 行。再观察第一行只有 1 个算式，第二行有 2 个……以此类推，因此就可以嵌套一个循环，来根据当前行来输出列，如第 3 行就有 3 列。思路有了，再观察算式的规律，每一行的算式中第一个乘数都是从 1 开始，然后增加，算式个数与行数相同，第二个乘数都不变，跟行数一致。

1×1=1								
1×2=2	2×2=4							
1×3=3	2×3=6	3×3=9						
1×4=4	2×4=8	3×4=12	4×4=16					
1×5=5	2×5=10	3×5=15	4×5=20	5×5=25				
1×6=6	2×6=12	3×6=18	4×6=24	5×6=30	6×6=36			
1×7=1	2×7=14	3×7=21	4×7=28	5×7=35	6×7=42	7×7=49		
1×8=8	2×8=16	3×8=24	4×8=32	5×8=40	6×8=48	7×8=56	8×8=64	
1×9=9	2×9=18	3×9=27	4×9=36	5×9=45	6×9=54	7×9=63	8×9=72	9×9=81

图 8-6

设定 a 为第一个 for 循环语句的变量，a 从 1 到 9, 输出 9 行 ;b 为第二个 for 循环语句的变量，b 取值就是从 1 到 a，编写程序如下:

```
for a in range(1,10):   # 控制输出 9 行
    for b in range(1,a+1):   #b 从 1 到 a, 输出 a 列，1*a 2*a … b*a
        c=a*b   # 计算 a 乘 b 的积
        # 将 print() 函数的结束符号设置为转义制表符 \t
        print(f'{b}×{a}={c}',end='\t')
    print()   # 完成一行的算式输出后换行
```

保存后运行程序，打印输出结果如下:

```
1×1=1
1×2=2   2×2=4
1×3=3   2×3=6    3×3=9
1×4=4   2×4=8    3×4=12   4×4=16
1×5=5   2×5=10   3×5=15   4×5=205×5=25
1×6=6   2×6=12   3×6=18   4×6=245×6=30    6×6=36
1×7=7   2×7=14   3×7=21   4×7=285×7=35    6×7=42   7×7=49
1×8=8   2×8=16   3×8=24   4×8=325×8=40    6×8=48   7×8=56   8×8=64
1×9=9   2×9=18   3×9=27   4×9=365×9=45    6×9=54   7×9=63   8×9=72   9×9=81
```

通过两个简单的案例，应该对循环嵌套已经有所了解。除了两个 for 循环语句相互嵌套外，还可以是 for 循环语句和 while 循环语句嵌套，具体如何使用按照具体需求而定。

计算机二级真题——小海龟画图

题目要求：使用 turtle 库的 turtle.fd() 函数和 turtle.seth() 函数绘制一个边长为 100 像素的正五边形，效果如图 8-7 所示。

分析：本题要使用 turtle 库（海龟）制一个多边形，首先使用 import 保留字把 turtle 库导入。由于绘制的是正五边形，再使用 for 循环，依次绘制 5 条边，i 的取值从 1 开始到 5 结束。

turtle.fd() 用于控制小海龟向当前行进方向前进一个指定距离，要求边长为 100 像素，因此是 turtle.fd(100)。

turtle.seth(d) 函数用于设置小海龟当前行进方向为 d，角度（d）是绝对方向角度值。在正五边形中，相邻两条边形成的外角均为 72°，如图 8-8 所示，即绘制完一条边后，小海龟的行进方向要增加 72° 后再绘制下一条边。因此 d+=72。

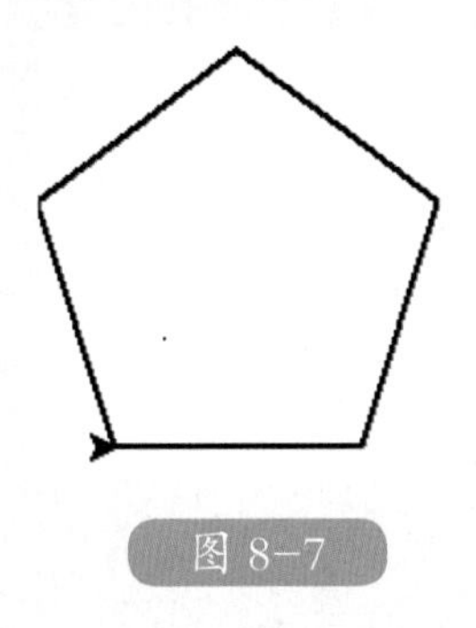

图 8-7

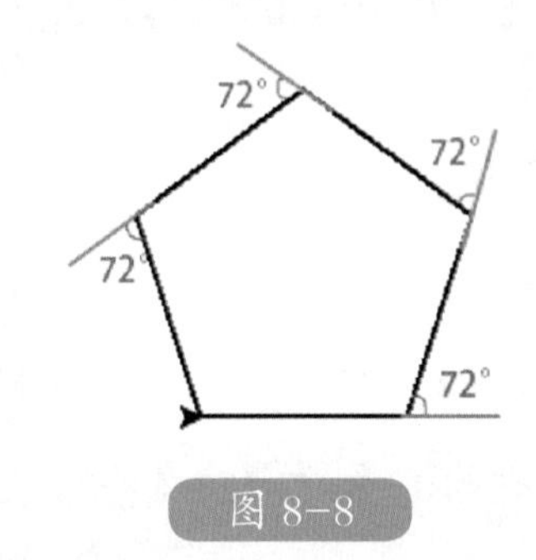

图 8-8

【参考答案】

```
import turtle
turtle.pensize(2)
d = 0
for i in range(1,6):
    turtle.fd(100)
    d += 72
    turtle.seth(d)
```

挑战一下

一、使用 while 循环语句或者 for 循环语句实现输出 1~100 内 3 的倍数。

二、用循环嵌套尝试找出 1~100 内的质数。

三、3，5，7，9 这四个数可以组合成多少个互不相同且无重复数字（百位、十位、个位上的数字不能相同）的三位数？输出这些数。

【参考答案】

一、程序分析：使用求余运算，判断余数是否为零。

```
for i in range(1,101):
    if(i%3==0):
        print(i)
```

```
i=1
while i<=100:
    if (i % 3 == 0):
        print(i)
    i+=1
```

二、程序分析：质数又称素数，有无限个。质数定义为在大于 1 的自然数中，除了 1 和它本身以外不再有其他因数的数称为质数。【答案不唯一】

```
for i in range(2,101):
    flag = True   # 标记是否是质数
    for j in range(2,i):
        if(i%j==0):
            flag = False   # 能被整除
            break
    if(flag):
        print(i)
```

三、程序分析： 使用 range(3,11,2) 生成 3、5、7、9 这组数，让百位、十位、个位依次取这些数，但是要保证个位十位百位不能相同。

```
s=0
for i in range(3,11,2):   # 百位
    for j in range(3,11,2):   # 十位
        for k in range(3, 11, 2):   # 个位
            if(i==j and j==k):   # 三个数字重复
                continue
            print(str(i)+str(j)+str(k))   # 转成字符串，拼接出数字
            s+=1   # 统计数字个数
print(' 总共有：',s,' 个三位数 ')
```

第9章

列表、元组、字典

刚掌握循环语句的小白自信满满地和妈妈说，可以用编程来帮妈妈解决问题了。小白妈妈最近有个头疼的问题，她把每天买菜的开支都记录下来了，但是她想知道这个月每天的平均费用时就要将每一天的费用加起来再除以当月的天数，想找出哪一天用的最多哪一天用的最少，还需要再翻看一遍，很麻烦。

小白想了想，一下子定义了很多个变量来存储数据……

其实不需要这么麻烦，想要保存多个数据，可以使用列表呀。

Scratch 中的列表在 Python 中也有吗？哇～太棒了！

Scratch 中的列表与 Python 中的列表

在创作 Scratch 作品时，除了使用变量还会使用到列表。例如，通过用列表存储角色的 X 坐标与 Y 坐标，这样可以实现记录角色位置的功能等等。

图 9-1

现在许多同学都拥有电话手表、QQ、微信等等，在这些通信设备或者通信软件里，都会有好友列表，用 Scratch 模拟一下这个好友列表，如图 9-1 所示。

Python 中定义一个列表十分简单，与变量的定义类似，其格式为：列表名 = [元素 1，元素 2，……]，列表中每个数据都以逗号“，”隔开，有时候程序需要定义一个空的列表，则可以写成：列表名 = [] 即可，

```
mylist = []   # 定义空的列表
friends=[' 小华 ',' 小玲 ',' 小辉 ',' 小光 ',' 小亮 ']   # 定义好友列表，并赋予初始数据
print(friends)
```

保存程序后运行，在窗口输出：

```
[' 小华 ', ' 小玲 ', ' 小辉 ', ' 小光 ', ' 小亮 ']
>>>
```

添加新朋友——小美

如何向好友列表添加朋友呢？

在 Scratch 中可以使用 将 小美 加入 好友列表 这一个指令积木将“小美”加入到列表的最后一项。Python 也有对应的指令代码，即列表名 .append(数据)，与 Scratch 一样，它会将数据添加在列表的最后一项。例如：

```
friends=['小华','小玲','小辉','小光','小亮']  # 定义好友列表，并赋予初始数据
friends.append('小美')  # 通过列表的 append(数据) 的方式将 '小美' 加入到列表中
print(friends)  # 查看列表
```

保存程序后运行，在窗口输出：

```
['小华', '小玲', '小辉', '小光', '小亮', '小美']
>>>
```

将新朋友置顶

如果新加入的朋友需要在好友列表的最前面出现，Scratch 中应该怎么做呢？Scratch 中有一个积木可以将数据插入到已有数据的前面，那就是 在 好友列表 的第 1 项前插入 小美 ，这样“小美”就出现在列表的前面。在 Python 中，可以使用列表名 .insert(序号，数据) 来实现，如下：

```
friends=['小华','小玲','小辉','小光','小亮']  # 定义好友列表，并赋予初始数据
friends.insert(1, '小美')  # 通过 insert(位置序号，值) 的方式将 '小美' 加入到
列表中
print(friends)  # 查看列表
```

保存程序后运行，在窗口输出：

```
['小华', '小美', '小玲', '小辉', '小光', '小亮']
>>>
```

“小美”并不像 Scratch 中那样在“小华”的前边，而是在“小玲”的前面，这是为什么呢？

在 Scratch 中，我们可以通过列表中每一项的序号来访问数据，使用 好友列表 的第 3 项 这个指令积木块就可以得到第三项数据“小辉”。这个“序号”在 Python 中称为索引，Python 中的列表起始索引与 Scratch 中的列表不同，Python 中列表的索引从 0 开始。当我们想要往第一项前插入数据，则需要修改为：

```
friends.insert(0, ' 小美 ')
```

修改后，如下：

```
friends=[' 小华 ',' 小玲 ',' 小辉 ',' 小光 ',' 小亮 ']   # 定义好友列表
# 通过 insert( 位置序号，值 ) 的方式将 ' 小美 ' 加入到列表中
friends.insert(0, ' 小美 ')
print(friends)   # 查看列表
```

保存程序后运行，在窗口输出：

```
[' 小美 ', ' 小华 ', ' 小玲 ', ' 小辉 ', ' 小光 ', ' 小亮 ']
>>>
```

获取好友信息

与 Scratch 的获取列表某一项值类似，Python 获取某一项的内容的方式：列表名 [索引]，由于 Python 中索引是从 0 开始的，则第 3 项写作为 friends[2]。如下：

```
friends=[' 小华 ',' 小玲 ',' 小辉 ',' 小光 ',' 小亮 ']
print(friends[2])   # 输出列表的第三项
```

运行结果为：

```
小辉
>>>
```

修改好友名字

好友列表中的小辉改了名字，从“小辉”改成了“小耀”，需要手动去好友列表修改小辉的名字。

Scratch 中通过列表分类下的 将 我的好友 的第 3 项替换为 小耀 指令来将列表中第三项“小辉”替换成“小耀”。Python 中更简单，类似于变量的赋予新内容一样，如下：

```
friends=['小华','小玲','小辉','小光','小亮']
friends[2] = '小耀'   # 将第三项修改为'小耀'
print(friends)   # 查看列表
```

保存程序后运行，在窗口输出：

```
['小华', '小玲', '小耀', '小光', '小亮']
>>>
```

她在我的好友中吗

有时候需要判断列表中有没有一个内容，Scratch 中就有一个很简单的积木 好友列表 包含 小美 ? 来判断，如果列表中有“小美”则会显示“True”否则显示“False”。Python 中则使用了 in 这个关键字：值 in list，如下：

```
friends=['小华','小玲','小辉','小光','小亮']
print('小美' in friends)
print('小亮' in friends)
```

保存程序后运行，在窗口输出：

```
False
True
>>>
```

闹别扭和小光断交

当与朋友闹别扭后，不少同学会做出疯狂的举动——删除好友。

Scratch 中通过列表序号来删除列表中对应的那一项 删除 好友列表 的第 1 项，删除对应的那一项之后，后面的内容会往前移动。在 Python 中对应可以用：del 列表名 [索引] 删除一项，例如

```
friends=['小华','小玲','小辉','小美','小亮']
del friends[0]
print(friends)
```

保存程序后运行，在窗口输出：

```
['小玲', '小辉', '小美', '小亮']
>>>
```

在 Python 中还可以根据内容去删除首个符合条件的元素，需要注意的是要先确认删除的内容是否存在于列表中，如果删除一个列表中不存在的内容将会报错，例如：

```
friends=['小华','小玲','小辉','小美','小亮','小玲']
friends.remove('小光')
print(friends)
```

运行程序后，输出错误信息：（删除的内容不在列表中）

```
Traceback (most recent call last):
  File "D:\python\test.py", line 2, in <module>
    print(friends.remove(' 小光 '))
ValueError: list.remove(x): x not in list
```

当不确定要删除的内容是否在列表中时，可以用条件语句判断它是否存在，如果存在则删除它。将上面的代码修改一番后，如下：

```
friends=[' 小华 ',' 小玲 ',' 小辉 ',' 小美 ',' 小亮 ',' 小玲 ']
if ' 小玲 ' in friends:
    friends.remove(' 小玲 ')
else:
    print(' 好友列表中没有小玲 ')
print(friends)
```

保存程序后运行，在窗口输出：（只删除第一个小玲）

```
[' 小华 ', ' 小辉 ', ' 小美 ', ' 小亮 ', ' 小玲 ']
>>>
```

列表其他的相关方法

➢ len(list)

获取列表的长度，即元素个数。

程序示例：

```
list1 = ['python', 'php', 'java', 'python', 'c++', 'java']
print (' 列表 list1 长度为：',len(list1))
```

运行结果：

```
列表 list1 长度为： 6
>>>
```

➢ max() /min()

返回列表元素中的最大值 / 最小值。

程序示例：

```
list1 = ['2020', '1981', '2007']
print ("list1 最大元素值 : ", max(list1))
print ("list1 最小元素值 : ", min(list1))
```

运行结果：

```
list1 最大元素值 : 2020
list1 最小元素值 : 1981
>>>
```

➢ list.count(obj)

统计某个元素在列表中出现的次数。

程序示例：

```
list1 = ['python', 'php', 'java', 'python', 'c++', 'java']
print ("python 个数 : ", list1.count('python'))
```

运行结果:

```
python 个数： 2
>>>
```

➢ list.index(obj)

从列表中找出与内容匹配的第一项的索引。

程序示例:

```
list1 = ['python', 'php', 'java', 'python', 'c++', 'java']
print ("java 索引值为 : ", list1.count('java'))
```

运行结果:

```
java 索引值为： 2
>>>
```

➢ list.append(obj)

在列表末尾添加新的元素。

程序示例:

```
list1 = ['python', 'php', 'java', 'python', 'c++', 'java']
list1.append('c')
print (" 更新后的列表 : ", list1)
```

运行结果:

```
更新后的列表：['python', 'php', 'java', 'python', 'c++', 'java', 'c']
>>>
```

➢ list.pop(index = −1)

移除列表中的某一项（默认最后一项），并且返回该元素的值。

程序示例:

```
list1 = ['python', 'php', 'java', 'python', 'c++', 'java']
list1.pop()
print (" 列表现在为：", list1)
list1.pop(1)
print (" 列表现在为：", list1)
```

运行结果:

```
列表现在为：['python', 'php', 'java', 'python', 'c++']
列表现在为：['python', 'java', 'python', 'c++']
>>>
```

➢ list.sort(key=None, reverse=False)

对列表进行排序，key 是用来进行比较的元素，排序规则：reverse = True 降序，reverse = False 升序（默认）。

程序示例:

```
list1 = ['2020', '1981', '2007']
list1.sort()
```

```
print ( ' 升序输出 :', list1 )
list1.sort(reverse=True)
print ( ' 降序输出 :', list1 )
```

运行结果:

```
升序输出 : ['1981', '2007', '2020']
降序输出 : ['2020', '2007', '1981']
>>>
```

帮妈妈计算月消费

为了方便大家使用，Python 会把一些定义的方法、变量等存放在文件中，这个文件被称为模块。模块可以被别的程序引入，以便于使用该模块中的函数等功能，引入模块语法：import 模块名称。

小白查看了一下妈妈记录下来的每天的费用，大约在 70~150 之间，于是使用 random 模块来随机模拟出每一天的费用，再求取平均数、最大值与最小值。

```
import random    # 引入 random 模块
moneys = []   # 定义空列表
total = 0   # 定义变量统计总费用
for a in range(30):   # 重复执行 30 次，随机模拟每天费用
    money=random.randint(70,150)   # 生成一个 70 到 150 之间的随机数
    total+=money   # 累加每日的费用
    moneys.append(money)   # 将每日费用存入列表中
```

```
average=total/30   # 求取平均数
average=round(average,2)   # 保留 2 位小数
print(f' 这个月平均用了 {average}')
print(' 这个月最少的费用 :',min(moneys))
print(' 这个月最多的费用 :',max(moneys))
```

元组

Python 中有一种与列表相似的数据类型——元组。元组与列表元素结构十分相似，不同的是元组里的元素值是无法修改的，也不能删除元组中的元素值。列表使用中括号“[]”而元组使用的是一对小括号“()”。

定义元组的方式与列表的相似，格式为：元组名 = (数据 1，数据 2，……)。示例如下：

```
tup = ('scratch', 'python', 1999, 2000)   # 定义一个元组并赋值
tup1 = ()   # 定义一个空元组
```

需要注意的是，当创建的元组中仅有一个元素时，元素后需要加上“,”，因为在 Python 中保留了数学的运算模式，数学中小括号内的式子会优先运算，为了区别是算式还是元组，Python 中规定，当元组仅有一个元素时，后面需要加上“,”，如下：

```
tup = (1024,)
```

虽然元组无法修改其中的元素，但是可以对元组连接组合形成新的元组，如下：

```
tup = (1024,)
tup1 = (1024,)
```

```
tup2 = (2048,)
tup3 = tup1 + tup2   # 加号 + 在这里为连接符号，连接 2 个元组
print(tup3)
```

保存程序后运行，在窗口输出：

```
(1024,2048)
>>>
```

访问元组中的元素与访问列表的元素一样，可以通过索引来访问：

```
tup1 = (32,64,128,256,512,1024,2048)
print(tup1[3])   # 元组的索引也是从 0 开始，获取元组中第 4 项
```

保存程序后运行，在窗口输出：

```
256
>>>
```

元组常用方法

➢ len(tuple)

获取元组中元素个数。

程序示例：

```
tuple = ('python', 'php', 'java', 'python', 'c++', 'java')
print ('tuple 长度为：',len(tuple))
```

运行结果:

```
tuple 长度为： 6
>>>
```

➢ max() /min()

返回元组元素中的最大值 / 最小值。

程序示例:

```
tuple = (2020, 1981, 2007)
print ("tuple 最大元素值 : ", max(tuple))
print ("tuple 最小元素值 : ", min(tuple))
```

运行结果:

```
tuple 最大元素值： 2020
tuple 最小元素值： 1981
>>>
```

字典

字典是一种与列表、元组不一样的类型，它的元素是由键值对（键“key”：值“value”）构成。键“key”必须是字典中唯一的，可以是任意数据类型，数字、字符串或元组。值“value”可以是任意数据类型的内容。

Key 与 value 通过“:”连接成一个完整的元素，举个例子，如下:

```
dic = {}   # 定义空字典
dic1 = {'name':' 小白 '}   # 其中 key 为 'name',value 为 ' 小白 '
print(dic1)
```

Python 是通过字典所对应的 key 来访问字典的值 value 的，如上面的字典可以通过 dic1['name'] 来获取到“小白”这个内容。做一个简单的登录小程序，用户名为小白，密码是 123456。

```
dic={'name':' 小白 ','password':'123456'}
name = input(' 请输入用户名： ')
password=input(' 密码： ')
if name==dic['name'] and password==dic['password']:
   print(' 登录成功 ')
else:
   print(' 登录失败 ')
```

保存程序后运行，输出：

```
请输入用户名： 小白
密码： 123456
登录成功
>>>
```

字典常用方法

➤ 修改 \ 删除

修改或删除字典的内容与列表操作很相似，列表是通过索引进行操作，字典需要通过 key 进行操作，例如：

```
dict = {'Name': ' 小白 ', 'Age': 11, 'live': 'BeiJing'}
print(" 原始 ",dict)
```

```
dict['Age'] = 12   # 更新 Age
dict['School'] = "清华附小"   # 添加信息
print("更新后", dict)
del dict['live']   # 删除键 'Name'
print("删除 live 后", dict)
dict.clear()   # 清空字典
print("清空后", dict)
```

保存程序后运行，输出:

```
原始 {'Name': '小白', 'Age': 11, 'live': 'BeiJing'}
更新后 {'Name': '小白', 'Age': 12, 'live': 'BeiJing', 'School': '清华附小'}
删除 live 后 {'Name': '小白', 'Age': 12, 'School': '清华附小'}
清空后 {}
>>>
```

➢ len(dict)

计算字典元素个数，即键的总数。

程序示例:

```
dict = {'Name': 'Reagan', 'Age': 8, 'Class': 'Three'}
print (len(dict))
```

运行结果:

```
3
>>>
```

➢ key in dict

Python 字典 in 操作符用于判断键 (key) 是否存在于字典中，如果键在字典 dict 里返回 True，否则返回 False。

而 not in 操作符刚好相反，如果键在字典 dict 里返回 False，否则返回 True。

程序示例：

```
dict = {'Name': 'Reagan', 'Age': 8, 'Class': 'Three'}
if  'Age' in dict:
    print(" 键 Age 存在 ")
else :
    print(" 键 Age 不存在 ")
```

运行结果：

```
键 Age 存在
>>>
```

➢ dict.get(key, default=None)

返回指定键 (key) 的值，如果键不在字典中返回 default 设置的默认值。

程序示例：

```
dict = {'Name': 'Reagan', 'Age': 8, 'Class': 'Three'}
print (" 年龄为： ", dict.get('Age'))
```

```
print (" 身高为 :", dict.get('Height', 0))    # 没有这个键返回默认值 0
```

运行结果：

```
年龄为： 8
身高为：0
>>>
```

计算机二级真题——统计水果

题目要求：键盘输入一组水果名称并以空格分隔，共一行。示例格式如下：

苹果 芒果 草莓 芒果 苹果 草莓 芒果 香蕉 芒果 草莓

统计各类型的数量，以英文冒号分隔，每个类型一行。

芒果 : 4

草莓 : 3

苹果 : 2

香蕉：1

分析："统计元素个数"问题非常适合采用字典来统计，即构成"元素：次数"的键值对。因此我们可以把输入的数据，构造成一个字典类型存储，创建字典变量 d，可以利用：

"d[键]= 值"方式修改字典键对应的值，来进行数量统计。

那么如何将输入的字符串转换为字典呢？首先使用字符串的 str.split() 方法，以空格为分隔符，将水果分割开，存入一个列表 fl，如下：

```
f=input(' 请输入一组水果名称，用空格隔开 \n')
fl=f.split(' ')
print(fl)
```

输出结果：

```
请输入一组水果名称，用空格隔开
苹果 芒果 草莓 芒果 苹果 草莓 芒果 香蕉 芒果 草莓
['苹果', '芒果', '草莓', '芒果', '苹果', '草莓', '芒果', '香蕉', '芒果', '草莓']
>>>
```

然后使用循环，遍历列表 fl，取出每一项作为键构成字典，并更新出现的次数。

d[水果名] = d.get(水果名 ,0) + 1

其作用就是增加元素水果出现的次数。get() 方法获得字典中水果作为键对应的值，即水果出现的次数，如果水果不存在，则返回 0，存在，则返回值。统计水果数量程序如下：

```
# 定义一个字典，统计数量
d={}
for i in fl:
    d[i] = d.get(i, 0) + 1
```

最后打印结果，注意题目要求是每个类型一行，因此不能直接用 print(d), 可以通过遍历键值的方式：

```
# 每个类型一行
for k in d:
    print(k,d[k])
```

【参考答案】

```
f=input(' 请输入一组水果名称，用空格隔开 \n')
fl=f.split('')
#print(fl)
# 定义一个字典 , 统计数量
d={}
for i in fl:
    d[i] = d.get(i, 0) + 1
# 每个类型一行
for k in d:
    print(k,d[k])
```

挑战一下

一、现有列表 [1,3,5,7,9]，仅通过 list.insert() 方法将 2,4,6,8 插入到现有列表中。

二、筛选出 1~100 内是 3 的倍数的数，并把它存放在列表中。

三、定义一个字典，包括姓名，年龄，语文成绩 88，数学成绩 75，英语成绩 95。

【参考答案】

一、在给列表插入新的元素后，列表的长度位置会发生变化，所以插入的位置也会跟着变，即应在1、3、4、5、7位置插入2、4、6、8。

```
# 方法一
list=[1,3,5,7,9]
print(list)
list.insert(1,2)
list.insert(3,4)
list.insert(5,6)
list.insert(7,8)
print(list)
# 方法二
list=[1,3,5,7,9]
print(list)
for i in range(2,10,2):
    list.insert(i-1,i)  # 在1、3、4、5、7位置插入2、4、6、8
print(list)
```

二、

```
list=[]
for i in range(1,101):
    if i%3==0:
        list.append(i)
print(list)
```

三、

```
dict={}
name=input(' 姓名 ')
dict[' 姓名 ']=name
age=input(' 年龄 ')
dict[' 年龄 ']=age
chinese=input(' 语文成绩 ')
dict[' 语文成绩 ']=chinese
math=input(' 数学成绩 ')
dict[' 数学成绩 ']=math
english=input(' 英语成绩 ')
dict[' 英语成绩 ']=english
print(dict)
```

第10章

函数

基本的分支语句与循环语句已经熟悉了吧，现在教你一个新的知识——函数。

函数是什么呀?

你还记得 Scratch 中自制积木的用法吗? 在 Python 中，我们把类似的代码段就称为函数或者方法。

什么是函数

函数是指一段可以使用在别的程序或者使用在另一段代码中的代码段。它方便重复使用，或者实现某一个特点功能。前面的学习中我们已经常使用函数了，那就是 Python 内置函数——print() 函数或 input() 函数。除了可以使用 Python 内置函数，也可以自己创建一个函数，这样的函数被称为自定义函数。回顾一个 Scratch 的例子，帮助我们理解一下什么是函数，如图 10-1 所示。

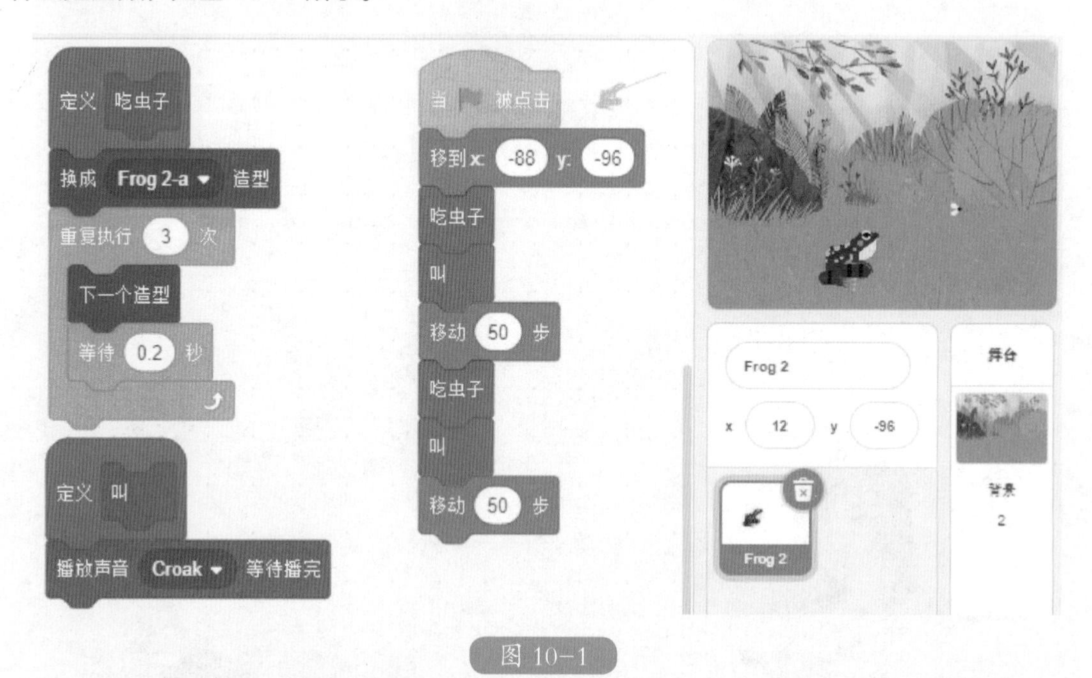

图 10-1

这个例子中，建立了两个自制积木，一个是【吃虫子】，它的功能是通过将角色的造型变化来实现青蛙吃虫子的动画效果；另一个是【叫】，实现让青蛙角色发出“呱~”的叫声。这两个实现特定功能的自制积木就可以称为函数。

编写程序脚本时，如果需要用到让青蛙吃虫子的动画效果，直接使用这个自制积木即可，不需要再重复编辑那么多的积木块。这样的做法让程序变得更加简洁，更容易去理解。

定义一个函数

Python 中，函数代码块以 def 关键词开头，后面紧接着函数的名称和一对小括号 ()。与语句的写法类似，函数内容以冒号起始，并且以缩进代码格式来标记下面的代码是函数内的代码，格式如下：

```
# 定义一个函数
def 函数名 ():
    函数体 ( 执行的代码 )
# 调用这个函数
函数名 ()
```

用 Python 实现一个“叫”（用英文就是：Croak）的函数吧，代码如下：

```
# 定义一个函数
def Croak():
    print(' 呱 ~')
# 调用这个函数
Croak()
```

编写函数的代码的过程称为定义一个函数。函数定义好后，使用时直接在需要使用的地方写出函数名称并带上后面的小括号即可，上面的程序运行结果如下：

```
呱 ~
>>>
```

带参数的自定义函数

参数也是一个变量，它只能在函数中使用，在函数被使用时，可以作为数据传入函数的桥梁，因为它不是实际存在变量，所以也被称为形参（形式参数）。在 Scratch 中也是如此，在新建自定义积木的时候添加一个输入项（参数变量），用来控制青蛙叫的次数，这样，我们使用这个自定义积木的时候，只要传入一个数字，它就会控制发出对应次数的声音，这里的数字变量 number 就称为参数，如图 10-2 所示。

在 Python 中实现 Scratch 的积木效果。定义带参数的函数时，将传入的参数（可以是多个参数，参数之间用逗号“,”隔开），格式如下：

```
# 定义一个函数
def 函数名 ( 参数 1，参数 2，……):
    函数体 ( 执行的代码 )
```

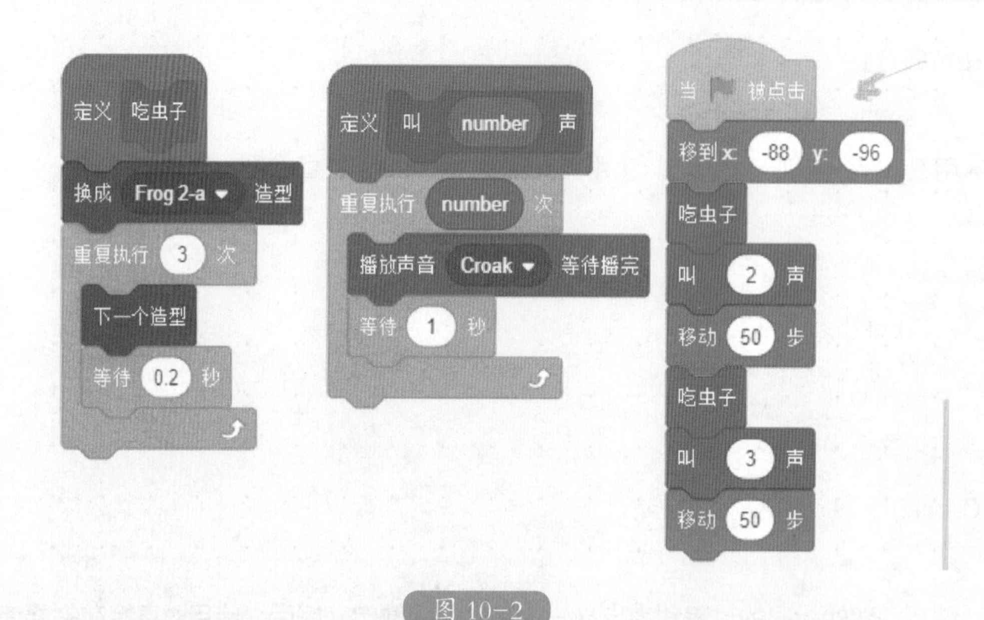

图 10–2

修改之前定义过的函数 Croak，增加一个参数 num, 代表次数，代码如下：

```
# 定义带参数的函数，num 表示叫的次数
def Croak(num):
    i=1
    while i<=num:
        print(' 呱 ~')
        i=i+1
# 调用这个函数 , 传入一个数字
Croak(3)
```

调用 Croak(3) 函数时，传入一个数字 3，相当于将 3 赋值给了 Croak(num) 函数中的 num 参数变量，num 中存放的数值为 3。保存程序并运行，输出结果如下：

```
呱～
呱～
呱～
>>>
```

有时候需要在函数中处理一些数据后，并且希望获取结果，这时候就可以使用带返回值的函数啦。

带返回值的函数

有返回值的函数是在函数处理数据结束后将结果返回给调用的地方的一个函数，在 Scratch 中常常用到的六边形的积木块，如图 10-3 所示；还有之前使用过的 str() 类型转换函数、len() 函数等等，它们都会在执行完后返回处理的结果，比如转化后的整数、列表的长度等等。那么如何自定义一个带返回值的函数呢？

图 10-3

定义函数后，在处理数据结束后或者在函数的最后一行中使用 return 语句，后面紧接着存储结果的变量或者是数据，就可以将在函数中处理的结果返回到调用的地方。如果没有使用 return 语句指定返回的结果，但又在调用的地方去获取了数据，那么 Python 会返回一个 None（空，无内容）。如果函数中有多个 reutrn 语句，函数执行到第一个 return 语句即把数据返回调用地方，不再在函数中向下执行下面的代码。

定义一个函数，判断数字是否大于 100。具体代码如下：

```
# 判断数字是否大于 100
# 参数 x
# 大于 100 返回 ture, 否则返回 false
def compare(x):
```

```
    if x > 100:
        return True
    else:
        return False
# 打印函数返回的结果
print(compare(99))
```

保存程序后运行结果如下：

```
False
>>>
```

全局变量和局部变量

在函数内定义的变量与在函数外定义的变量略有不同，在函数内定义的变量在函数外无法使用，它仅仅可以在函数内使用，这样的变量称为局部变量。在函数外定义的变量，不管在函数中还是在函数外都可以使用，这样的变量称为全局变量。例如：

```
a = 100   # 全局变量 a
def test():
    a = 150   # 局部变量 a
    b = 50   # 局部变量 b
    print(' 我是局部变量 a=',a)
    print(' 我是局部变量 b=',b)
# 调用、打印
test()
print(' 我是全局变量 a=',a)
print(' 我是局部变量 b=',b)
```

程序运行结果：

```
我是局部变量 a= 150
我是局部变量 b= 50
我是全局变量 a= 100
Traceback (most recent call last):
  File "D:/python/unit_10_1.py", line 10, in <module>
    print(' 我是局部变量 b=',b)
NameError: name 'b' is not defined
>>>
```

这个例子中，在函数外定义了变量 a, 在函数内定义了变量 a、b, 并在函数内对两个变量进行赋值，在函数中打印输出两个变量的内容，可以正常执行，但是在函数外去使用函数内定义的变量 b，则提示变量 b 是不存在的。

看似函数内的变量 a 与函数外的变量 a 是一样的，但是由于它们声明的位置不同，所以它们是作用范围不同的变量。函数中定义了一个局部变量 a 并赋值为 150，而全局变量 a 并没有任何改变。

如果想要在函数内部对全局变量进行重新赋值，则必须先对变量进行全局声明，否则程序运行到函数时，会认为在函数内重新赋值的是一个局部变量，全局变量必须先用 global 声明，则可以在函数中进行重新赋值。我们修改一下之前的例子：

```
a = 100   # 全局变量 a
def test():
    global a   # 用 global 首先声明为全局变量，而不是局部变量
    print(' 函数内部 a=', a)
    a = 50   # 改变全局变量值
    print(' 函数内部修改后 a=',a)
test()
print(' 函数外 a=',a)
```

程序运行结果如下：

```
函数内部 a= 100
函数内部修改后 a= 50
函数外 a= 50
>>>
```

快递计算小程序

了解如何定义函数后，我们来做个小项目熟悉它。快递是现在日常生活分不开的一种服务（如图 10-4 所示），而市面上快递公司也是五花八门，如何选择最优惠的快递服务呢？

有以下三种快递可以选择，假设它们的收费标准是：

【顺丰快递】首重 20 元 /kg、续重 15 元 /kg；

【申通快递】首重 10 元 /kg、续重 3 元 /kg；

【圆通快递】首重 8 元 /kg、续重 4 元 /kg。

不足 1kg 按 1kg 计算（例如 :0.3kg 就按 1kg 计费；1.2kg 就按 2kg 计费），编写一个简单的快递计算器，根据用户选择计算出费用。

图 10-4

【思路分析】：由于有三个不同的快递计算方式，所以需要定义三个函数分别用来计算这三种不同快递服务的费用。需要由用户输入寄件的重量，再输入选择不同的快递种类，最后根据选择来调用不同的计费函数。

在这个程序中，我们需要用到 math 标准库的 ceil() 函数，它的作用就是将一个数向上取整，这样可以实现不足 1kg 按 1kg 计算功能，使用这个函数需要导入 math 标准库模块，程序代码如下：

```
#w：快递重量，单位 kg
# 返回值：sum
def shunfeng(w):
    sum=20+(w-1)*15
    return sum
def shentong(w):
    sum=10+(w-1)*3
    return sum
def yuantong(w):
    sum=8+(w-1)*4
    return sum
import math
w=input(' 请输入快递重量 \n')
w=float(w)   # 转换为浮点型
w=math.ceil(w)   # 返回大于等于 w 的最近的整数 , 即向上取整。
c=input(' 请选择快递：1：顺丰 2：申通 3：圆通 \n')
```

```
if c=='1':
    print(' 顺丰 ',shunfeng(w))
elif c=='2':
    print(' 申通 ',shentong(w))
else:
    print(' 圆通 ',yuantong(w))
```

程序运行结果：

```
请输入快递重量
12
请选择快递：1：顺丰 2：申通 3：圆通
1
顺丰 185
>>>
```

石头剪刀布

接下来我们一起来做一个石头、剪刀、布的小游戏（如图 10-5 所示），程序随机选择石头、剪刀、布出拳，用户通过键盘输入进行选择出拳，然后由电脑判断本局胜负并计分（平局均不得分），游戏总共三局，最后根据得分判定最终的胜负。

【思路分析】：通过流程图（见图 10-6），可以发现这个程序中有两处胜负判定，第一个是每局胜负判定（多次重复使用），第二个是最终胜负判定，定义两个函数来完成这个功能，这样程序就看起来非常简洁易懂。

➢定义每局胜负判定的函数，这个函数需要有两个参数传递数据，分别是电脑的出拳结果和用户的出拳结果。如果双方出拳的结果相同那判定为平局，哪些情况下用户会获胜呢？我们可以列举一下出拳胜利的搭配：石头 vs 剪刀，布 vs 石头，剪刀 vs 布。根据这个思路开始编写程序，如下：

图 10-5

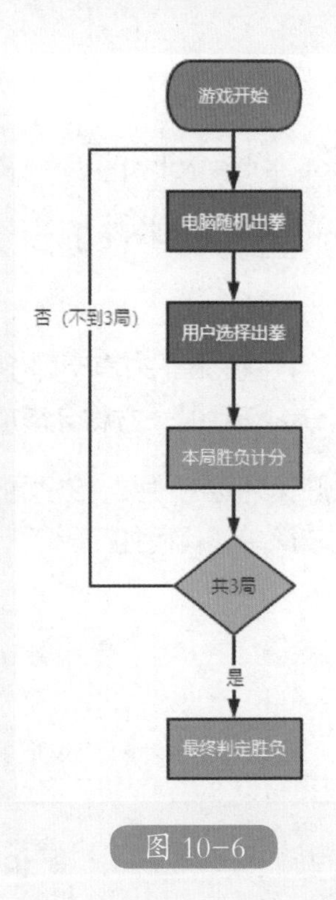

图 10-6

```
#pss(paper-scissors-stone 的缩写 )
#robot：电脑的出拳
#peo: 用户的出拳
def pss(robot, peo):
    win_list=[' 石头 vs 剪刀 ', ' 布 vs 石头 ', ' 剪刀 vs 布 ']   # 获胜组合
    print(f' 您出的是：{peo}, 电脑出的是：{robot}')
    global peo_win, robot_win   #global 声明全局变量，获胜的一方加 1 分
    if peo == robot:
        print(' 平局 ')
    elif peo+'vs'+robot in win_list:   # 组合是否在 win_list 列表中
        peo_win = peo_win + 1
        print(' 恭喜，本局你获胜！ ')
```

```
    else:
        robot_win = robot_win + 1
        print(' 本局电脑获胜 ')
```

函数中我们用到 global 来声明两个全局变量：peo_win、robot_win，分别是用户的得分与电脑的得分，获胜的一方将会增加 1 分。

➢定义最终胜负判定的函数，这个函数用来比较用户与电脑的得分，得分多的一方获胜，这样做程序会比较简单，代码如下：

```
# 根据得分判定最终胜负
def whowin():
    # 全局变量可以在整个程序范围内访问
    print(f' 电脑 {robot_win}：你 {peo_win}')
    if robot_win > peo_win:
        print(' 电脑胜！ ')
    elif robot_win == peo_win:
        print(' 平局！ ')
    else:
        print(' 你获胜！ ')
```

➢定义完两个函数后，再调用它，我们看一下程序代码：

```
import random
pss_list=[' 石头 ',' 剪刀 ',' 布 ']  # 出拳选项
robot_win=0  # 电脑得分
peo_win=0  # 用户得分
```

```
print("============ 欢迎来到石头剪刀布游戏 ============")
i=0
while i<3:
    i=i+1
    print(f' 第 {i} 局：电脑开始出拳……')
    robot=pss_list[random.randint(0,2)]   # 通过随机数实现电脑随机出拳
    print(' 机器人出拳完毕！ ')
    k=input(' 请你选择：1：石头 2：剪刀 3：布 \n')
    peo=pss_list[int(k)-1]
    print(' 开始判定！ ')
    pss(robot,peo)   # 调用判定函数，判断胜负并计分
whowin()   # 调用函数，判定最终胜负
```

需要注意的是，由于程序是由上而下执行的，定义的函数需要在程序调用的前面，否则会出现提示这个函数没有定义的错误。程序运行效果如下：

```
========= 欢迎来到石头剪刀布游戏 =========
第 1 局：电脑开始出拳……
机器人出拳完毕!
请你选择：1：石头 2：剪刀 3：布
1
开始判定!
您出的是：石头 , 电脑出的是：石头
平局
```

第 2 局：电脑开始出拳……

机器人出拳完毕!

请你选择：1：石头 2：剪刀 3：布

了解特别函数——递归函数

递归函数是函数中较为特别的一种函数，它与其他函数不同的地方在于它在执行过程中会调用自己来实现某个功能。函数自己调用自己，这个如何理解呢？观察图 10-7，可以看到里面的笔记本与外面的笔记本一样，就像不断嵌套一个一模一样的笔记本一样。递归函数就像这样，不断自己调用自己，相似的是递归函数处理的范围会越来越小；不同的是递归函数必须有结束的条件。

图 10-7

编写程序求取 1+2+3+4+5+……+100 的结果。

小白用 for 循环很快就完成了这一道题目，代码如下：

```
count=0   # 定义总和
for a in range(1,101):
    count +=a
print(' 总和为：',count)
```

1+2+3+……+100 倒过来后变成 100+99+98+……+1，它们的结果都是一样的，倒过来后发现，每一个加数逐渐减少，直到最后一个加数等于 1 为止。除此之外还发现，算式还可以简化为一个个当前的加数加上后面加数之和的结果。这样的需求可以使用递归函数来解决。具体实现如下：

```
def sum(n):   # 传递 n
    if n==1:
        return n   # 传递的 n 是最后一个加数时返回 n
    else:
        return n+sum(n-1)   # 和 = 当前加数 + 后面加数的总和
print(sum(100))   # 调用输出结果
```

运行之后输出结果：

```
5050
>>>
```

递归函数可以用来解决很多算法相关问题，它把复杂的问题分化成一个个相同的小问题，并逐一解决。比如：用递归求阶乘、最大公约数、斐波那契数列、汉诺塔等等。

练一练

一、选择题

1) 以下关于函数的描述，不正确的是______。

A．函数的参数可以没有也可以有一个或多个

B．函数 A 内部的局部变量在函数 B 中无法使用

C．函数的返回值类型只能是整数

D．声明全局变量的关键字是 global

2) 如果函数没有使用 return 语句，则函数返回的是______。

A．0　　B．None

C．任意的整数　　D．错误！函数必须要有返回值

3) 以下程序输出结果是______。

```
x = 'scratch'
def printLine(y):
    print(x,y)
printLine('Python')
```

A．scratch　　B．Python　　C．scratch Python　　D．程序报错

4) 以下程序输出结果是______。

```
x = 'scratch'
def printLine():
```

```
        x='Python'
        global x
        print(x)
    printLine()
```

A．scratch　B．Python　C．scratch Python　D．程序报错

二、上机练习

题目：定义一个函数，实现判断用户输入的是不是一个数字。是输出 ' 是数字 '，不是则输出 ' 不是数字 '。

【参考答案】

一、1) C； 2) B； 3) C； 4) D。

二、

```
def isNum(s):
    for i in s:
        if i in "1234567890":
            pass
        else:
            print(s,' 不是数字 ')
            break
    else:
        print(s,' 是数字 ')
s = input(' 请输入： ')
isNum(s)
```

第 11 章

简单文件操作

小白你快过来，给你看一个好玩的 ^_^，你看这是什么？

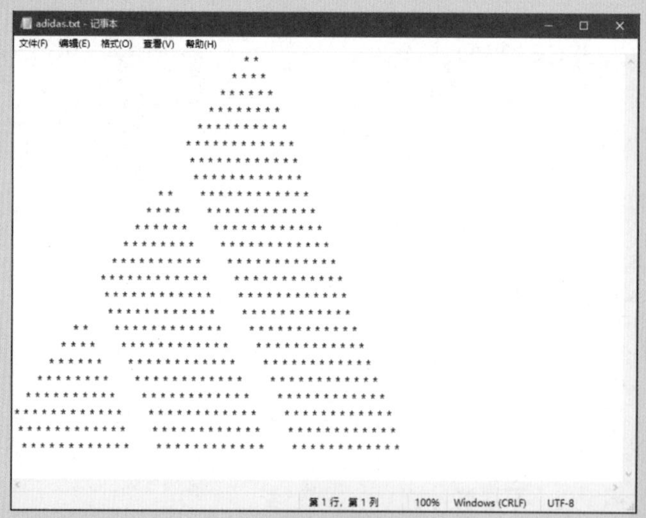

图 11-1

这个图案是怎么打出来的？

当然不能是键盘输入的了，我是用 Python 创建的，你想学吗？

将内容写入文件

写文件主要有三个步骤：

- open() 函数打开文件，常用形式是接收两个参数：文件名 (file) 和模式 (mode)。
- file.write(str) 将内容写入……
- file.close() 关闭文件

直接来看一个示例：

```
f=open('myfile.txt',mode='w')  # 打开一个文件只用于写入
f.write('Hello Python!\nI like coding.')  # 将字符串写入文件中，\n 进行换行
f.close()  # 写入完毕，必须关闭文件
```

试一试，这样就会在 Python 程序存储的目录里生成 myfile.txt，打开看一看，是不是你写的内容呢？

姐姐，开始都没有 myfile.txt 这个文件，怎么打开呢？

这个问题很好，你注意到没有，在打开文件操作中有个参数 mode='w'，它的作用是打开一个文件用于读写。如果该文件已存在则打开文件，并从头开始编辑，即原有内容会被删除。如果该文件不存在，创建新文件。

mode 参数会有很多值，不同的值代表不同的操作。

Mode(模式)	描述
r	以只读方式打开文件。文件的指针将会放在文件的开头。这是默认模式
w	打开一个文件只用于写入。如果该文件已存在则打开文件，并从头开始编辑，即原有内容会被删除。如果该文件不存在，创建新文件
w+	打开一个文件用于读写。如果该文件已存在则打开文件，并从头开始编辑，即原有内容会被删除。如果该文件不存在，创建新文件
a	打开一个文件用于追加。如果该文件已存在，新的内容将会被写入到已有内容之后。如果该文件不存在，创建新文件进行写入
a+	打开一个文件用于读写。如果该文件已存在，文件打开时会是追加模式。如果该文件不存在，创建新文件用于读写

这里只罗列了几个常用的，我们不需要去记忆，用到的时候可以查一下资料，选择合适的模式进行操作就可以了。

读取文件内容

读文件也需要先打开文件，再读取，最后不要忘了关闭，还是先看示例：

```
f=open('myfile.txt')
print(f.readlines())  # 读取所有的行
f.close()  # 操作完毕，必须关闭文件
```

读取文件可以通过 f.readlines() 读取所有行，也可以通过 f.readline() 逐行读取。还需要注意 myfile.txt 文件与 Python 程序文件存放在同一个目录下，可以自己通过手动创建 myfile.txt 文件，并写入一些内容。

如果读取或者写入的文件跟 Python 程序不在一个目录怎么办？

绝对路径与相对路径

✧「绝对路径」如果不在同一目录，那就需要写出文件正确的位置，这个位置我们称作文件路径。如图 11-2 所示，地址栏中就是当前文件的目录，然后再加上“\”与读取的文件名【C:\Users\longw\PycharmProjects\untitled2\myfile.txt】就是 myfile.txt 的完整路径，我们叫作绝对路径。

Windows 读取文件可以用“\”，但是前面讲过，在字符串中“\”是被当作转义字符来使用，所以我们需要在程序中将路径里的“\”都换成“/”，否则程序会报错。接下来我们修改一下刚才的程序：

共享 查看

C:\Users\longw\PycharmProjects\untitled2 文件目录

名称	修改日期	类型	大小
.idea	2020/8/7 16:21	文件夹	
venv	2020/7/22 16:34	文件夹	
4.3.py	2020/7/8 17:18	Python File	1 KB
7.py	2020/7/16 15:19	Python File	2 KB
9.py	2020/7/21 15:25	Python File	3 KB
11.py	2020/8/2 16:54	Python File	3 KB
12.py	2020/7/27 17:59	Python File	2 KB
myfile.txt 要读取的文件	2020/7/22 16:39	TXT 文件	1 KB

图 11-2

```
f=open('C:/Users/longw/PycharmProjects/untitled2/myfile.txt')  # 绝对路径
print(f.readlines())  # 读取所有的行
f.close()  # 操作完毕，必须关闭文件
```

✧「相对路径」就是文件相对于当前目录的路径，例如当前程序目录在 D:\python\mybook 下面，而读取的文件 file.txt 在 D:\python\txt 下，那先从当前目录回到上一级 D:\python（使用符号“../”）再进入 txt 目录（加“txt/”），因此相对路径就是 ../txt/file.txt，示意如图 11-3 所示。

图 11-3

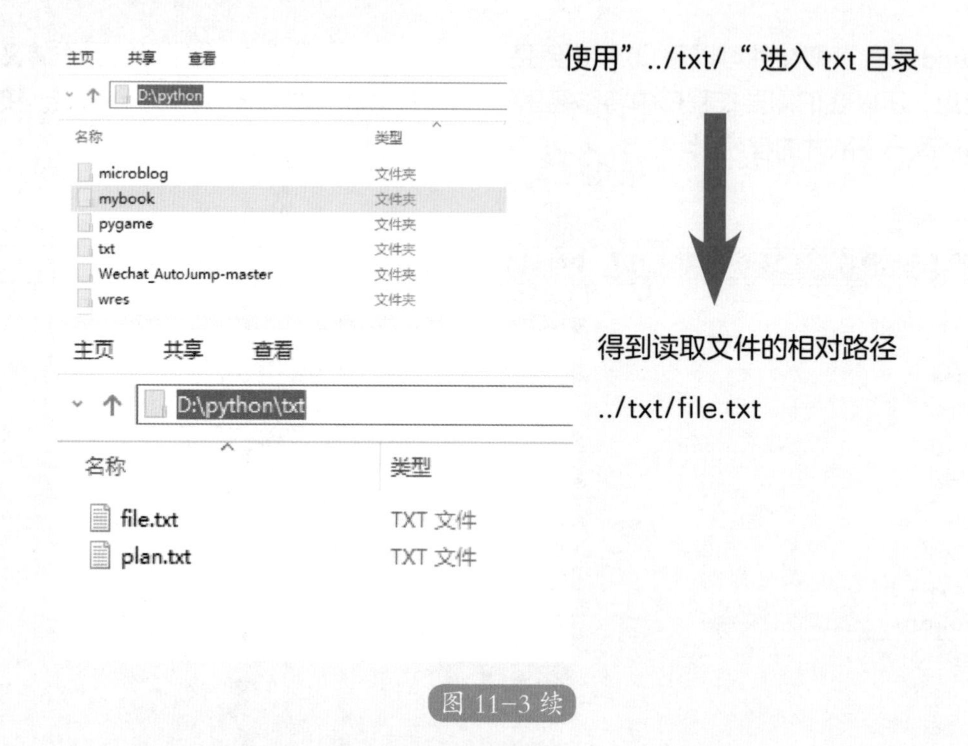

图 11-3 续

知道了相对路径，我们的程序也可以这么写：

```
f=open('../txt/file.txt')  # 文件相对路径
print(f.readlines())  # 读取所有的行
f.close()  # 操作完毕，必须关闭文件
```

运动计划

我想用 Python 来实现一个可以记录未来几天运动计划的程序。这个计划由键盘输入，如果之前已经制订好了计划，可以通过程序来查看之前写好的计划，也可以重新写新的计划。

你想查看之前的计划，那就不能用变量了，用我们学习的文件操作来试试。编写程序之前，先分析一下程序需要有哪些操作，明确思路再动手哦。

➢ 程序设计思路

未来几天的计划是需要键盘动态输入内容，因此需要设计一段程序用于从键盘接收每天的计划内容。当程序关闭后下次再打开时还能看到之前编辑的内容，意味着从键盘输入的数据需要长久保存下来，可以使用文件的写入和读取功能来完成，我们将程序的功能拆分为三部分来实现。

1. 入口函数

为程序设计一个菜单选项，让用户选择是查看之前的计划，还是重写计划，还需要有退出操作的功能，如下：

```
print('1. 查看写好的计划 ')
print('2. 重写计划（覆盖之前）')
print('0. 退出 ')
```

2. 显示之前的计划

定义一个 readPlan() 函数，以只读的方式打开存放数据的文件，并且逐行读取文本文件的内容并打印输出，由于数据的文件中包含有换行符，print() 函数中，需要指定 end='', 不要再次换行，否则会换 2 行。

3. 写新的计划

定义一个 writePlan() 函数，以读取并写入的方式打开文件，在文件中写入输入的内容，需要注意的是写入文件的时候需要在内容后加入换行符 '\n'。

为避免文件还没创建就执行读取操作发生意外，我们先在程序目录下新建一个文本文档，命名为“plan.txt”，然后开始编写程序。

➢ 参考程序：

```
fn='plan.txt'   #fn 为要操作的文件
# 读取文件，打印显示运动计划
```

```
def readPlan():
    f=open(fn)  # 默认以只读的方式打开
    lines=f.readlines()  # 读取所有的内容
    for line in lines:  # 循环逐行打印输出
        print(line,end='')  # 打印每一行
    f.close()
# 重新写入计划，将内容写入文件
def writePlan():
    f=open(fn,mode='w')
    for i  in range(1,6):  # 循环输入 5 天的计划
        print(' 请输入第 ',i,' 天计划 ')
        plan=input()  # 从键盘输入计划内容
        plan=' 第 '+str(i)+' 天 :'+plan+'\n'  # str(i): 将 i 转为字符串 /n 换行
        f.write(plan)  # 写操作
    f.close()
# 入口函数
def main():
    while True:
        print('1. 查询之前的计划 ')
        print('2. 重写计划 ( 覆盖之前 )')
        print('0. 退出 ')
        s=input(' 请选择 ')
        if s=='0':
            print(" 程序退出 ......")
            break
```

```
        elif s=='1':  # 读入之前写好的计划
            readPlan()  # 调用自定义函数 readPlan()
        elif s=='2':  # 写入最新的计划
            writePlan()  # 调用自定义函数 writePlan()
# 主程序开始执行
main()  # 调用入口函数
```

程序运行结果：

```
1. 查询之前的计划
2. 重写计划 ( 覆盖之前 )
0. 退出
请选择 1
第 1 天 : 游泳
第 2 天 : 棒球
第 3 天 : 篮球
第 4 天 : 游泳
第 5 天 : 跳绳
1. 查询之前的计划
2. 重写计划 ( 覆盖之前 )
0. 退出
请选择 2
请输入第 1 天计划
篮球
请输入第 2 天计划
棒球
```

计算机二级真题——提取文字

题目要求：编写程序，提取“论语 .txt”文件中的原文内容，输出保存到文件夹下，文件名为“论语 - 原文 .txt”。具体要求：仅保留“论语 .txt”文件中所有【原文】标签下面的内容，不保留标签，并去掉每行行首空格及行尾空格，无空行。示例输出文件格式请参考“论语 - 原文 - 输出示例 .txt”文件。注意：示例输出文件仅帮助考生了解输出格式，不作它用。

分析：本题是一道考查文件读写，字符串处理的综合性操作题目。首先需要使用 f=open(" 论语 .txt", "r") 以只读方式打开要读取的文件，再用 f1=open(" 论语 - 原文 .txt", "w") 以只写方式打开要写入的文本。

接着使用 for 循环遍历“论语 .txt”的每一行，如果这一行文本是以“【原文】”开头，这就是我们需要提取的文字。怎么判断该字符串是以指定字符串开头呢？

str.startswith(substr) 方法用于检查字符串是否是以指定字符串开头，如果是则返回 True，否则返回 False。

找到要提取的这一行文字之后，根据题目要求，不保留标签，因此需要对这一行文字进行截取。str[4:] 表示从第 4 位开始截取，直到行末。

去掉标签后，还要用 str. strip()（默认为空格）方法去掉每行行首空格及行尾空格。最后将处理好的这行文字写入 " 论语 - 原文 .txt"，即 f1.write(line+"\n")，"\n" 前面讲过，是转义字符，表示换行。

循环结束，一定要保证关闭文件对象，即调用 close() 方法。

【参考答案】

```
f = open(" 论语 .txt", "r")   # 打开文件
f1 = open(" 论语 - 原文 .txt", "w")   # 要写入的文件
for line in f.readlines():   # 依次读取每行
    if(line.startswith('【原文】')):   # 判断是否以 " 原文 " 开头
        line = line[4:]   # 从第 4 位开始截取，去掉 "【原文】"
```

```
        line = line.strip()   # 去掉每行首尾空格
        #print(line)
        f1.write(line+"\n")   # 提取原文写入文件
# 关闭文件
f.close()
f1.close()
print(' 提取完毕 ')
```

挑战一下

编写一个记账本的小程序，要求能够显示之前所有账单，也能够继续添加新的记录（提示，新增记录时不能删除之前的记录，要选择合适的模式），具体要求如下：

- 程序运行后显示操作菜单 1、查看账单；2、新增记录；3、退出。
- 新增记录需要录入：消费项目；消费金额；日期。

【参考答案】

```
fn='check.txt'   #fn 为要操作的文件
# 读取文件，打印显示运动计划
def readCheck():
    f=open(fn)   # 默认以只读的方式打开
    lines=f.readlines()   # 读取所有的内容
    for line in lines:   # 循环逐行打印输出
        print(line,end='')   # 打印每一行
```

```
    f.close()
# 重新写入计划，将内容写入文件
def writeCheck():
    f=open(fn,mode='a')
    str1=input(' 请输入日期 ')
    str2=input(' 请输入消费项目 ')
    str3=input(' 请输入消费金额（￥）')
    f.write(str1+'\t'+str2+'\t'+str3+' 元 \n')    #\t 为制表符
    f.close()
# 入口函数
def main():
    while True:
        print('1. 查询账单 ')
        print('2. 新增记录 ')
        print('0. 退出 ')
        s=input(' 请选择 ')
        if s=='0':
            print(" 程序退出……")
            break
        elif s=='1':
            readCheck()
        elif s=='2':
            writeCheck()
# 主程序开始执行
main()  # 调用入口函数
```

第12章

异常处理

小白，你是不是经常遇到代码语法没有错误，然而程序运行时却报错的情况。比如引用了一个没有定义的变量或者程序遇到一些不可预知的错误，运行窗口会弹出一些红色的错误信息，并且程序无法继续正常运行，甚至崩溃退出运行。

哦哦哦！就是 BUG 嘛~

有一些 BUG 是编程人员粗心导致的语法错误，但是有一些运行时出现的错误是不可预知的，这种错误我们称为异常。为了不影响程序正常运行，我们需要对程序进行处理，这就是接下来我要跟你讲的异常处理。

例如下的 Python 代码：

```
a=9

print(b)
```

当程序运行的时候会报错，如图 12-1 所示，提示变量 b 没有定义。

```
Traceback (most recent call last):
  File "E:/中国少儿编程网/Python/book/第十二章异常处理/文件异常处理.py", line 3, in <module>
    print(b)
NameError: name 'b' is not defined
>>>
```

图 12-1

什么是异常处理

上面程序运行时出现了异常，这样的异常往往会中止程序的运行，或者展现出让使用者看不懂的错误提示。为此，我们需要在程序代码中对异常信息进行拦截，再将这些信息“翻译”成让人更加容易理解的提示，并让它不影响程序的正常运行，给程序使用者一个良好的操作体验，这就是异常处理。

图 12-2 左侧就是一个没有进行异常处理的网页页面，右侧是进行了异常处理的效果。

图 12-2

异常处理的方法

程序的异常处理中，有几种常见的语句组合，如下：

➢ try…except 语句拦截异常

```
try:
    正常情况下执行的代码……
except:
    遇到异常时执行的代码……
```

这种异常处理语句结构主要用于拦截异常，不管遇到什么类型的异常，都当作同一种异常处理，这种处理异常的方式十分简单。try 语句中是程序正常情况下执行的代码，当程序发生异常时，它将不会往下执行，而是跳到 except 语句中进行处理（提示错误或者其他）。不同的错误异常在这个结构中都会提示相同的信息，如下：

```
try:
    print(a)   # 尝试打印输出未定义的变量 a 的数据
except:
    print(' 程序遇到异常 ')
```

运行结果：

```
程序遇到异常
>>>
```

➢ try…except…finally

```
try:
    正常情况下执行的代码……
except:
    遇到异常时执行的代码……
finally:
    不管有没有异常都会执行的代码……
```

在程序运行中出现异常的时候，有时需要处理与正常执行结束后的操作一样的操作，例如读写文件时如果发生异常导致程序中断，此时必须要通过 finally 来关闭。下面这个例子中，如果用户输入的不是数字，那么就会发生异常，会提示您输入的不是数字。但是程序不管是否异常，始终会在 finally 中统计进行了几次运算。

```
num=0
while True:
    try:
        n1 = int(input(' 请输入数字 1: '))
        n2 = int(input(' 请输入数字 2: '))
        print(f'{n1}+{n2}={n1+n2}')
    except:  # 发生异常会提示
        print(' 您输入的不是数字 ')
    finally:  # 程序始终会执行下面的代码
        num+=1
        print(f' 您已进行了 {num} 次计算 ')
```

运行结果：

```
请输入数字 1: 34
请输入数字 2: 4545
34+4545=4579
您已进行了 1 次计算
请输入数字 1: e
您输入的不是数字
您已进行了 2 次计算
请输入数字 1:
>>>
```

登记全班同学的年龄

班长让我登记一下全班同学的年龄，我想用Python来实现。从键盘输入同学的名字和年龄存储到文档里，是不是很简单~

越是简单越不能粗心大意，如果你输入的年龄是80岁，那不就闹笑话了，所以当你输入错误的年龄是不是需要提醒呀~

好啦，姐姐，我会好好分析一下，设计好这个程序的。

程序设计思路：

1．键盘录入，需要进行数据验证

●年龄要求输入数值类型，范围 7-15。

●年龄不能输入非数字类型的数据，否则使用 int() 函数进行类型转换时便会出现异常，因此需要使用异常处理机制来检查输入的内容是否符合要求。

2．将正确的信息写入文件

●定义 writeinfo (str) 函数，来将内容写入文本。

●文件操进行异常处理，如果发生意外，提醒文件写入失败，在 finally 中关闭文件。

根据分析，小白很快将程序完成了。

```
fn='student.txt'
# 定义写文件的方法，参数 str 是要写入的内容
def writeinfo(str):
```

```
    try:
        f=open(fn,mode='a+')  # 追加模式
            f.write(str+'\n')
    except:
        print(' 文件写入错误 ')
    finally:
        f.close()
while True:
    name=input(' 请输入学生姓名 ')
    age=input(' 请输入学生年龄 ')
    try:
        age=int(age)  # 类型转换，强制转为整数
        if age<7 or age>15:  # 判断输入的数值是否在 7-15 的范围
            print(' 请输入 7-15 之间的数字 ')
        else:
            writeinfo(f'{name}\t{age}')  # 将学生信息写入文件
    except:
            print(' 年龄输入错误，请重新输入 ')  # 发生异常，继续循环
```

运行结果：

```
请输入学生姓名曹操
请输入学生年龄 11
请输入学生姓名张飞
```

```
请输入学生年龄 1o
年龄输入错误，请重新输入
请输入学生姓名张飞
请输入学生年龄 60
请输入 7-15 之间的数字
请输入学生姓名
>>>
```

练一练

一、选择题

1）下列关键字哪个跟异常处理无关______。

A. try　　B. except　　C. finally　　D. while

2）观察下面的程序，请选择输出结果______。

```
try:
    print(1,end='')
    print(4/0, end='')
    print(2, end='')
except:
    print(3,end='')
```

A.1 2 3　　B.1 3　　C.1 2　　D.2 3

3）观察下面的程序，请选择输出结果______。

```
try:
    print(x, end='')
    print(2, end='')
except:
```

练一练

```
    print(3,end='')
finally:
    print(4,end='')
```

A. 2 3 4　　B. 2 4　　C. 3 4　　D. x 2 3 4

二、上机练习题

编写一个登录校验程序，让用户输入用户名和密码，密码只能输入数值类型，且必须是 4 位长度（假设密码是 2893），如果用户输入的密码长度小于 4 位或大于 4 位，都提醒用户重新输入密码。当用户输入合法的用户名和密码校验通过后，提示系统登录成功。

【参考答案】

一、1) D； 2) B； 3) C 。

二、

```
while True:
    try:
        usr=input(' 请输入用户名称 ')   #usr 就是 user 用户名
        psd=input(' 请输入用户密码 ')   #psd 就是 password 密码
        psd=int(psd)   # 转换为整数类型
        if psd<1000 or psd>9999:
            print(' 密码错误，请重新登陆 ')
        else:
            break
    except:
        print(' 请输入数值类型 ')
print(' 系统登录成功 ')
```

第 13 章

类与对象

姐姐，都说 Python 是一门面向对象的语言，什么是面向对象？

如果不考虑编程，你认为什么是对象？

对象就是一个东西，一个物体。

那么你怎么去描述一个对象？

我会介绍它的名字，它的外观，它的特点，它的功能等等。

对，这就是我们真实世界中的对象，那么 Python 中的对象是……

什么是对象（object）

在现实世界中，对象（物体）包括两个方面：它能做什么；如何描述它（特征或者属性），编程中也是如此。

拿小汽车来举个例子，小汽车能前进、能后退，能拐弯，这些都是汽车的基本操作，在 Python 中，把一个对象能进行的操作称为方法（method）。汽车还可以通过它的颜色、款式、型号等特征来描述它，这些特征称为对象的属性（attribute），因此小汽车就是一个对象，即对象 = 属性 + 方法。

对象离不开类（class）

还是拿小汽车来举例，如果要造一辆汽车，我们是不是需要先有一张设计图纸，然后再根据图纸去制造一辆真实的汽车，如图 13-1 所示。

汽车的图纸只能看出这个汽车的外观样式，但它并不是一辆真正的汽车，人没法坐进去，没法开走。那就要根据图纸造出真正的汽车，有了这个图纸其实你可以造出很多汽车。由于大家的喜好不同，汽车可以有不同的颜色，不管如何，它们都是根据图纸造出来的。在 Python 中，这个图纸称为一个类（class），根据这个图纸造出的实物就是一个对象，这个对象称为这个类的一个实例，因此创建一个对象首先要有一个类。

既然类是一个图纸，那么这张图纸就需要收集相关的功能和属性，因此类就是用来描述具有相同的属性和方法的对象的集合。

图 13-1

创建一个类

如同使用 def 定义函数一样，我们使用 class 定义一个类，类名的首写字母约定都为大写，语法格式如下

```
class ClassName:
    <变量（属性）>
    ......
    <方法>
    ......
```

缩进部分可以放置各种变量（这与我们之前学习的变量没有任何区别），在类里面定义的变量就是类的变量，也就是我们所说的属性。

在类的内部，使用 def 关键字来定义一个方法，与一般函数定义不同的是，类方法必须包含参数 self, 且为第一个参数。由于这个方法是供类的实例所使用的，所以也可以称为实例方法或者对象的方法。

我们来定义一个简单的汽车类:

```
class Car:
    wheel = 4
    def run(self):
        print(' 汽车向前行驶 ')
```

创建一个对象实例

图纸有了，那么就可以通过实例化来创建一个对象，方法如下：

```
car=Car()
```

等号左边是一个变量名，等号右边是类名，这如同变量赋值一样，我们称为类的实例化。这个变量就是实例化后的对象，也称为类的实例。

在对象后面加上“.”，就可以引用类的属性（类的属性会被所有类的实例共享）和方法：

```
car=Car()
print(' 汽车轮子个数：',car.wheel)    # 对象的属性
car.run()   # 对象的方法
```

运行结果：

```
汽车轮子个数： 4
汽车向前行驶
>>>
```

前面说过对象有特征，比如汽车的颜色、款式等，怎么才能在创建汽车对象时设置这些属性特征呢？这个操作称为对象初始化。

在创建类时，可以定义一个特定的方法，方法名为 __init__()【initialize（初始化）的

缩写】，这个方法会在类实例化时会自动调用，被称为“魔术方法”，也叫做“构造方法”，因此可以向 __init__() 方法传递参数，这样就会在创建实例时设置好对象的属性。

由于 __init__() 方法是自动执行的，所以不需要使用“对象 .__init__(参数……)”的形式来调用传参，只需要在实例化时将参数放入类后面的括号里。

```
class Car:
    wheel = 4
    def __init__(self,color,mod):
        self.color=color   # 设置对象的颜色（color）
        self.mod = mod   # 设置对象的款式（model）
    def run(self):
        print(' 汽车向前行驶 ')
car=Car(' 红色 ',' 两厢 ')
print(' 汽车轮子个数：',car.wheel)
print(' 汽车颜色：',car.color)
print(' 汽车款式：',car.mod)
car.run()
```

运行结果：

```
汽车轮子个数： 4
汽车颜色： 红色
汽车款式： 两厢
汽车向前行驶
>>>
```

另一种方法就是通过对象直接为属性赋值：

```
class Car:
    wheel = 4
```

```
    def run(self):
        print('汽车向前行驶')
car=Car()
#设置属性
car.color='蓝色'
car.mod='三厢'
print('汽车轮子个数：',car.wheel)
print('汽车颜色：',car.color)
print('汽车款式：',car.mod)
car.run()
```

运行结果：

```
汽车轮子个数： 4
汽车颜色： 蓝色
汽车款式： 三厢
汽车向前行驶
>>>
```

self 是什么？

我们先看一下 __init__() 是如何给对象设置属性的：

```
def __init__(self,color,mod):
    self.color=color  #设置对象的颜色（color）
    self.mod = mod  #设置对象的款式（model）
```

对象初始化时传递了两个参数 car=Car('红色','两厢')。__init__() 方法就会把这个对象的颜色设置为红色，款式设置为两厢，那么这个 self 不就是这个对象本身么。

问题又来了，我们调用对象的方法时 car.run() 并没有参数啊，为什么方法里却有 self 呢?

在对象调用类的一个方法时，程序需要知道是哪个对象调用了这个方法，这也就是 self 的作用，在调用方法时，对象本身会被自动传递给方法，就相当于 car.run(car), 并不需要我们手动去写了。

其实 self 这个参数名称是可以修改的，只不过所有人都习惯于用这个名字，强烈建议大家都遵守这个约定，让代码更易读。

计算机二级真题——编写类

马和骆驼都是哺乳动物的一种，它们都有四只脚，体型也是差不多大，作为现实世界中的一类生物，我们将在这里为它们编写属于它们各自的类。

题目要求: 编写了一个马(Horse)的类, 在这个类中马有三个属性, 分别是年龄(age)、品种(category)和性别(gender)。在每创建一个马的对象时, 我们需要为其指定它的年龄、品种和性别。该类中还编写一个 get_descriptive() 方法，能够打印出马的这三个属性。每一匹马都有自己的最快速度，所以类中有一个 speed() 方法，可以打印出马的最快速度值。并且在马的生命过程中，它的速度一直在变，类中还有一个 update_speed() 方法用来更新马当前的最快速度值。

例如：一匹 12 岁的阿拉伯公马，在草原上奔跑的速度为 50km/h，要求调用 get_descriptive() 和 update_speed() 方法输出结果。

分析：我们根据题目要求逐一分解，厘清这个类的结构，然后完成全部代码编写。

1.编写了一个马（Horse）的类，使用关键字 class 创建类：class Horse():。

2.在这个类中马有三个属性，分别是年龄（age）、品种（category）和性别（gender），并且在创建对象时要求进行初始化。定义魔术方法：def __init__(self, age, category,gender)，并进行初始化设置。

3.编写一个 get_descriptive() 方法，使用 print 打印出马的这三个属性。

4.为这个类添加一个属性 p=40，马的最快速度值默认是 40km/ 小时，定义一个 speed() 方法，使用 print 打印出马的最快速度值。

5.定义 update_speed() 方法，该方法需要传入一个参数（最大速度），根据参数值更新马当前的最快速度值。

【参考答案】

```
class Horse():
    p = 40  # 马默认最快速度
    # 对当前对象的实例的初始化
    def __init__(self, age, category,gender):
        self.age = age
        self.category = category
        self.gender = gender
    # 打印马的属性
    def get_descriptive(self):
        print(' 年龄: ',self.age)
        print(' 品种: ',self.category)
        print(' 性别: ',self.gender)
    # 打印马的最快速度
    def speed(self):
        print(f' 最快速度 {self.p}km/ 小时 ')
    # 修改马的最快速度
    def update_speed(self,s):
        self.p = s
# 创建对象，并初始化
h = Horse(12,' 阿拉伯马 ',' 公马 ')
h.get_descriptive()
h.speed()
h.update_speed(50)  # 更新马的最快速度
h.speed()
```

手机的变迁

1973年4月的一天，一位男子站在纽约的街头，掏出一个约有两块砖头大的无线电话，并打了一通，引得过路人纷纷驻足侧目。这个人就是手机的发明者马丁·库帕。当时，库帕是美国著名的摩托罗拉公司的工程技术人员。

1992年12月，全球第一条短信诞生，当时只有22岁的英国工程师帕普沃斯，通过电脑键盘向朋友发送了人类历史上第一条手机短信——圣诞快乐。早期手机（如图13-2所示）的主要功能就是打电话和发短信，一直到现在这两个功能依旧存在。

图 13-2

我们接下来创建一个手机类：

➢ 手机的属性

brand：手机品牌。

color：手机的颜色。

price：手机的价格。

➢ 手机的方法

call()：打电话方法，有一个参数：peo，明确呼叫的人。

sms()：发送短信，有两个参数：peo、sms，发送短信的内容和发给谁。

编写代码如下：

```
class Phone:
    def __init__(self,brand,color,price):
        self.brand=brand
```

```
        self.color=color
        self.price=price
    def call(self,peo):
        print('开始呼叫',peo)
    def sms(self,peo,sms):
        print('以下内容：',sms,'将发送给',peo)
#实例化一个 pho 对象
pho=Phone('大唐','黑色','2000')
pho.call('小白')
pho.sms('小白','明天一起去图书馆吧。')
#测试对象的属性
print(f"手机品牌：{pho.brand}，颜色：{pho.color}，价格：{pho.price}元")
```

运行结果：

```
开始呼叫 小白
以下内容： 明天一起去图书馆吧。 将发送给 小白
手机品牌：大唐，颜色：黑色，价格：2000元
>>>
```

类的继承与多态

到了 21 世纪，随着科技的高速发展，我们的手机也发生了革命性的变化。2001 年出现了第一款彩屏手机，到了 2007 年，iPhone 出世，触屏 + 应用引爆全球智能新时代。图 13-3 所示为早期的 iPhone 手机。此时手机有了更多的功能，可以上网、拍摄视频、听音乐。但是不管现在手机怎么变，它们都继承了手机最初的功能，打电话和发短信。在 Python 中，类也是可以继承的。

图 13-3

```
#Iphone 类继承自 Phone 类
class Iphone(Phone):
    def play(self,m):  #Iphpne 类新增播放音乐方法
        print(' 播放音乐 ',m)
    def net(self):  #Iphpne 类新增上网方法
        print(' 开始浏览网页 ')
# 实例化一个 iphone 对象
iphone=Iphone(' 苹果 ',' 黑色 ','6000')
iphone.call(' 小白 ')
iphone.play(' 爱我中华 ')
iphone.net()
# 测试对象的属性
print(f" 手机品牌: {iphone.brand}, 颜色: {iphone.color}, 价格: {iphone.price} 元 ")
```

运行结果:

```
开始呼叫 小白
播放音乐 爱我中华
开始浏览网页
手机品牌：苹果，颜色：黑色，价格：6000 元
>>>
```

我们定义一个新的类 Iphone，在后面的括号里放入 Phone，就表明这个类继承自 Phone 这个父类，而 Iphone 就是 Phone 的子类，也称之为派生类。从程序中会发现子类中并没有 call() 方法，但是可以直接调用，这就是继承。子类会自动拥有父类的属性和方法，还可以增加自己独有的方法和属性，这样新增的类就不用再重新把所有方法属性都定义一遍，大大提高了程序的扩展性。

多态

虽然现在手机都继承了早期手机的发短信功能，但是，现在的手机不仅可以发送文字短信，还可以发送语音、图片等。因此在程序中，子类可以重写父类的 sms() 方法，这样就不用去修改父类的代码，增加了程序的灵活性，这就称为多态。

```
class Iphone(Phone):
    def play(self,m):  #Iphpne 类新增播放音乐方法
        print(' 播放音乐 ',m)
    def net(self):  #Iphpne 类新增上网方法
        print(' 开始浏览网页 ')
    # 重写 sms 方法
    def sms(self,type,peo):
        if type==1:
            print(f' 发送文字信息给 {peo}')
```

```
        elif type==2:
            print(f' 发送语音信息给 {peo}')
        else:
            print(f' 发送照片信息给 {peo}')
# 实例化一个 iphone 对象
iphone=Iphone(' 苹果 ',' 黑色 ','6000')
iphone.call(' 小白 ')
iphone.play(' 爱我中华 ')
iphone.sms(2,' 小白 ')
# 测试对象的属性
print(f" 手机品牌：{iphone.brand}，颜色：{iphone.color}，价格：{iphone.price} 元 ")
```

运行结果：

```
开始呼叫 小白
播放音乐 爱我中华
发送语音信息给小白
手机品牌：苹果，颜色：黑色，价格：6000 元
>>>
```

现在你已经对类和对象有了更进一步的了解，下面再来说说什么是面向对象。

面向对象与面向过程

当解决一个问题的时候，面向对象会把事物抽象成对象，分析这个问题里面有哪些对象，然后给对象赋一些属性和方法，让每个对象去执行自己的方法，问题得到解决，这就是面向对象。

当解决一个问题的时候，面向过程会把事情拆分成不同的步骤，然后按照一定的顺序，执行完这些步骤（每个步骤看作一个过程），等所有步骤执行完了，事情就搞定了，这就

是面向过程（OP）。

下面举个例子说明两者的区别。

问题：如何前往大楼的 30 层?

➢ 面向过程的解决办法

1. 进电梯。

2. 选楼层。

3. 前往 30 层。

4. 到达 30 层，走出电梯。

➢ 面向对象的解决办法

1.先找出两个对象：“电梯”对象和“人”对象。

2.针对对象“电梯”加入方法：“运行”。

3.针对对象“人”加入属性和方法：“进电梯”“选楼层”“出电梯”。

4. 然后执行：

人 . 进电梯；

人 . 选楼层；

电梯 . 运行；

人 . 出电梯。

后面的学习中我们还会遇到更多关于对象以及使用对象的例子，通过在实际的程序（比如小海龟 turtle）中使用对象，你会有更加深入的理解。

挑战一下

定义一个学生 Student 类。有下面的类属性：

- 姓名 name
- 成绩 score（语文，数学，英语）[每科成绩为整数，放入列表]

类方法：

● 获取学生的姓名：get_name()；返回学生姓名

● 返回 3 科成绩中最高的分数。get_course()

例如：

amy = Student(' 小白 ', [95,98,100])

amy.get_name() 返回结果：小白

amy.get_course() 返回：100

【参考答案】

```
class Student():
    # 对当前对象的实例的初始化
    def __init__(self, name, score):
        self.name = name
        self.score = score
    # 返回姓名
    def get_name(self):
        return self.name
    # 返回最高成绩
    def get_course(self):
        a = max(self.score)
        return a
stu = Student(' 小白 ',[95,98,100])
print(stu.get_name())  # 返回结果：小白
print(' 最高成绩：', stu.get_course())  # 返回：100
```

第 14 章 算法应用

早晨妈妈把奶酪放在桌上（如图 14-1 所示），出门办事情，回来发现奶酪不见了。当时家中只有四个孩子：玛丽、马克、克丽丝、查理，妈妈把他们叫到跟前，问道：“我们的奶酪去哪了？”

玛丽说：“我没偷吃。”

马克说：“是克丽丝偷吃的。”

克丽丝说：“偷吃的肯定是查理。”

查理说：“克丽丝在胡说。”

这四个孩子中有三个孩子说的是真话，一个人说的是假话且只有一人偷吃，请问谁偷吃了奶酪？

图 14-1

逻辑推理：

1．假设是玛丽偷吃的，那么玛丽就说了假话，马克、克丽丝说的也都不成立，因此不是玛丽；

2．假设是马克偷吃的，马克说了假话，那克丽丝说的也不是真话，假设不成立；

3．假设是克丽丝偷吃的，那其他三人说的话没有矛盾，因此可以断定是克丽丝偷吃的。

4．假设是查理偷吃的，那么克丽丝就没有胡说，偷吃的就是查理，那么马克说是克丽丝偷吃的就不是真话，不成立。

通过以上推理我们得到的结论是克丽丝偷吃了奶酪。

什么是算法

如果让我们用编程来推断是谁偷吃了奶酪怎么做？这就是我们本章的学习内容——算法。

什么是算法呢？简单来说就是完成一件事情或者解决一个问题准确而完整的步骤。自计算机诞生以来，人们为了让计算机更快捷或者更安全地处理问题而想出来的处理方法，并且沿用至今，今天就来讲讲它们。

编程求解

与逻辑推理一样，将他们说的话转为计算机可以理解的逻辑表达式，依次假设是其中一人偷吃的，利用 Ture 为 1，False 为 0 来做，如果有一组结果满足逻辑和是 3，那就找到了说谎者。我们将 4 人说的话用逻辑表达式来表示：

玛丽说：玛丽！ = 偷吃

马克说：克丽丝 == 偷吃

克丽丝说：查理 == 偷吃

查理说：查理！ = 偷吃

程序实现：

```
for thief in ('Mary', 'Mark', 'Chris', 'Charlie'):
    #"\" 的作用是连接变量或者代码过长
    sum = ('Mary' != thief) + (thief == 'Chris') + \
        (thief == 'Charlie') + (thief != 'Charlie')
    if sum == 3:
        print(thief,"ate the cheese")
```

运行结果：

```
Chris ate the cheese
>>>
```

感觉这道题就是为程序而生的，用程序竟然这么简单！

现实生活中数据无处不在。然而很多数据较为零散无序。比如学校每次考试后，老师们想按从高分到低分做一个学生的成绩排名；或者班级组织活动，需要学生们按身高从高到低来排队；学校举办运动会，跑步比赛时，需要统计名次……等等。

面对这些无序的数据时，人们常常使用 Excel 表格来记录数据，再用 Excel 表格里的功能对数据进行排序。然而这是非常耗时的一个工作，有可能过程中还会因为遗漏细节而出错。

假如有个程序，不管数据的数量如何变化，它都能依照我们所预想的结果将数据按从小到大或从大到小的顺序排列，这样会不会大幅提升效率并准确无误呢？

算法——顺序查找

学校举行运动会，某班需要从班级里挑一个个子最高的学生来当旗手。下表是班里个子比较高的几人的身高数据，如何去找出最高的人呢？

学号	姓名	身高 (cm)	学号	姓名	身高 (cm)
1	张宏	145	5	杨林	159
2	王芳芳	150	6	钟丽丽	149
3	李敏	146	7	陈月新	154
4	黄龙	142	8	赵天明	140

这么几个人我一眼就看出谁最高了，还用编程序吗？

那如果是几千人、几万人呢，你看的出来吗？

观察这个表会发现表格中记录的身高是无序的，如何从表格中找出最高的那个人呢？其实思路挺简单，就如同打擂台一样，大家轮流上去挑战，最后留在台上的就是最厉害的：首先假设第一位同学是最高的，他与第二位同学进行对比，如果第二位同学比第一位同学高，那么第二位同学为目前最高的，第二位同学再与第三个同学对比……直到与最后一位同学比完为止，就知道最高的同学是哪位了。具体方法如下。

第一位同学站上擂台，即 1 号张宏站在上面。因为目前没有人跟他对比，因此暂时他就是最高的，如图 14-2 所示。

图 14-2

接下来第二位同学上台与他 PK，个儿高的留在站台上。第二位同学王芳芳身高 150cm，大于第 1 位同学张宏的身高 145cm，此时站台上是第二位同学王芳芳，如图 14-3 所示。

图 14-3

下面轮到第三位同学上台挑战了，第三位同学李敏身高 146cm，小于第二位同学王芳芳的身高 150cm，王芳芳获胜，此时站台上还是第二位同学王芳芳，如图 14-4 所示。

图 14-4

第四位同学继续与站台上的第二位同学进行对比，第四位同学黄龙身高 142cm，小于第 2 位同学王芳芳的身高 150cm，此时站台上站的人还是第二位同学王芳芳，如图 14-5 所示。

图 14-5

终于轮到第五位同学了，他自信满满地走上擂台，果然第五位同学杨林轻松取胜，将第二位同学比下去了，此时站台上站的人就是第五位同学杨林，如图 14-6 所示。

图 14-6

后面的同学继续逐一上去挑战，可惜都不是对手，后面的人都比第五位同学矮，因此最后站台上的依旧是第五位同学杨林，那他就是这八位同学中最高的。

根据分析来实现以下这个查找的过程，需要一个列表来存放这些人的身高，定义一个变量存放最高的人的位置。

```
t=[145,150,146,142,159,149,154,140]  #tall 表示身高，简写为 t
i=0  # 从第 0 个位置往后读
pk=t[0]  # 第一位最先站到台上等待 pk
pos=0  # 身高最高的那位同学的编号
while i<len(t):
    if t[i]>pk:  # 如果第 i 个人的身高比 pk 台上的人高，就成为新的擂主
        pk=t[i]  # 第 i 个人站到 pk 台上去 ,pk 存储的就是最大值
```

```
        pos=i+1   # 列表下标从 0 开始，所以增加 1 后才是实际位置
    i=i+1   # 下一位继续上台打雷
print(f" 最高的是第 {pos} 位同学，身高 {pk} cm")
```

程序运行结果：

```
最高的是第 5 位同学，身高 159cm
>>>
```

可不可以把他们的身高从低到高排序，那么最后一位肯定是最高的。

可以呀，不过排序是比较费时间的哦。我再来给你讲讲排序算法，如何将列表里的元素按从小到大排序。

排序是对无顺序的数据按从小到大或从大到小的规则进行排列。对数据进行排序的方式有很多种，这里介绍非常简单的排序方法——冒泡排序算法。

在学习冒泡排序算法之前，先来看看如何实现将两个变量进行交换，我们可以模拟一下这个过程，例如互换两个杯子的饮料。

变量交换

桌面上有 3 个杯子，a 号杯里装了蓝色饮料，b 号杯里装了橙色饮料，c 号杯子里是空的，如图 14-7 所示。

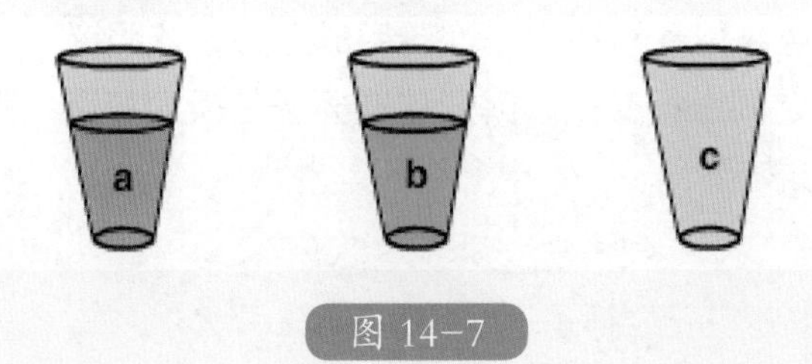

图 14-7

现在要求将 a 号杯子中的蓝色饮料跟 b 号杯子的橙色饮料进行交换，显然我们需要借用一下 c 号杯子，通过以下三步完成交换：

Step1 将 a 杯中的饮料倒入 c 杯，如图 14-8 所示。

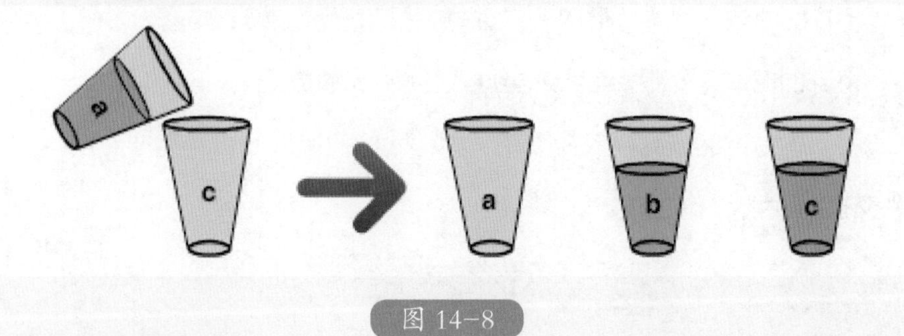

图 14-8

Step2 将 b 杯中的饮料倒入 a 杯，如图 14-9 所示。

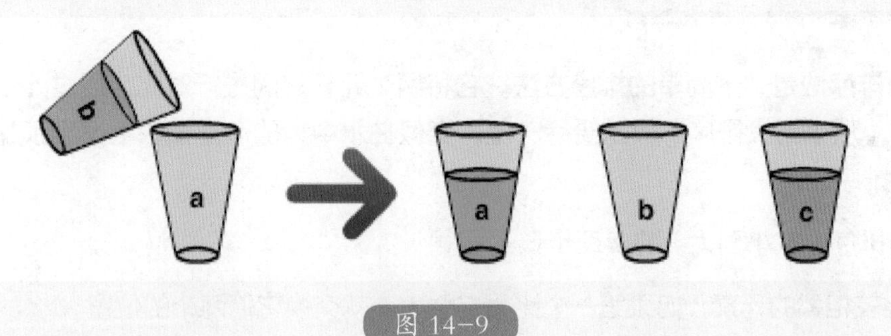

图 14-9

Step3 将 c 杯中的饮料倒入 b 杯，如图 14-10 所示。

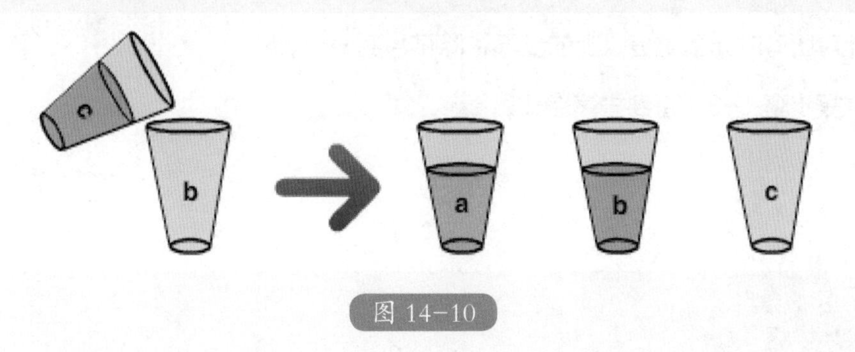

图 14-10

经过以上操作，a 号杯和 b 号杯中的饮料完成互换，依照这个空杯交换的原理，在程序中也来实现 2 个变量之间进行交换。就把这些杯子替换为变量，跟着上面的步骤编写两个变量进行交换的程序，如下：

```
#a、b、c 三个变量就对应三个杯子
a=3
b=4
print(" 交换前 a=",a,"b=",b)
c=a   # 将 a 的值放入 c 中，此时 a 的数据拷贝了一份放到 c 中备份
a=b   # 将 b 的值放入 a 中 ,a 的数据会被替换成 b 的数据
b=c   # 将 c 中备份的数据存放在 b 中，即将 a 的值放入 b 中，完成交换
print(" 交换后 a=",a,"b=",b)
```

冒泡排序法

冒泡排序法是一个简单的排序方法。它将两个元素之间进行对比，通过元素位置互换来将大的（从小到大排序）放到最后一位。类似在水中大的泡泡最快上浮到顶端一样，故称为冒泡排序。

冒泡排序（从小到大）的实现步骤：

1. 比较相邻的元素，如果第一个比第二个大，就交换它们两个的位置；

2. 对每一对相邻元素作同样的工作，从开始第一对到结尾的最后一对，这样在最后的元素应该会是最大的数；

3. 针对所有的元素重复以上的步骤，除了最后一个；

4. 重复步骤 1~3，直到排序完成。

看了这个步骤我还是不太懂具体是怎么操作的。

举个例子，我用表格演示一下过程，你就理解了。

现在用冒泡排序法来排序一下这八位同学的身高，数据如下表：

位置	0	1	2	3	4	5	6	7
身高 (cm)	145	150	146	142	159	149	154	140

定义一个列表存储身高数据：

```
t=[145,150,146,142,159,149,154,140]
```

用 i 作为代表当前位置编号（索引），而 i+1 则代表后一个元素的位置编号

i	列表	相邻比较大小	是否成立	结果
i=0	[145,150,146,142,159,149,154,140]	If t[i]>t[i+1]: 145>150 是否成立	否	无变化
i=1	[145,150,146,142,159,149,154,140]	If t[i]>t[i+1]: 150>146 是否成立	是	交换
i=2	[145,146,150,142,159,149,154,140]	If t[i]>t[i+1]: 150>142 是否成立	是	交换
i=3	[145,146,142,150,159,149,154,140]	If t[i]>t[i+1]: 150>159 是否成立	否	无变化
i=4	[145,146,142,150,159,149,154,140]	If t[i]>t[i+1]: 159>149 是否成立	是	交换
i=5	[145,146,142,150,149,159,154,140]	If t[i]>t[i+1]: 159>154 是否成立	是	交换
i=6	[145,146,142,150,149,154,159,140]	If t[i]>t[i+1]: 159>140 是否成立	是	交换

最后结果为：[145, 146, 142, 150, 149, 154, 140, 159]。

通过一轮相邻元素的对比，已经找到最大的值并将它排在了最后面。观察一下，总共有八个元素，只用七次比较就找到了最大数。同理，三个数只需要比两次，两个数就比一次。

我们把这轮比较用程序来实现：

```
t=[145,150,146,142,159,149,154,140]
len=len(t)   # 获取列表长度
for i in range(0,len-1):   # 比较 len-1 次
    if t[i]>t[i+1]:   # 相邻元素比较如果比后面的大，就交换
        c=t[i]   # 定义变量 c 存放 t[i] 的数据
        t[i]=t[i+1]   # t[i+1] 的数据存放在 t[i] 中
        t[i+1]=c   # 将变量 c 的数据存放在 t[i+1] 中
print(t)   # 输出结果
```

运行结果与上表一致：

```
[145, 146, 142, 150, 149, 154, 140, 159]
>>>
```

虽然找到了最大值，但前面其他元素还是无序的，因此我们需要再进行同样的操作。

因为最大值已经放到最后一个了，它不需要参与下一轮的对比，因此下一轮的元素对比范围则为 t[0]~t[6]，以此类推：

位置	0	1	2	3	4	5	6	7
第一轮	145	146	142	150	149	154	140	159
第二轮	145	142	146	149	150	140	154	159
第三轮	142	145	146	149	140	150	154	159
第五轮	142	145	140	146	149	150	154	159
第六轮	142	140	145	146	149	150	154	159
第七轮	140	142	145	146	149	150	154	159

通过上表，我们可以发现一个规律，每经过一轮比较，下一轮参与比较的元素就少一个，总共需要比较元素的个数减 1 次，也就是列表长度减 1 次。

为了完整地实现最终的排序，我们需要在之前的程序外再加一层循环，这层循环用来控制比较的轮数，那要经过几轮比较呢？八个元素比较了七轮，那依次类推，三个元素比两轮，两个元素一轮就出结果。也即是说，总共要比较列表的长度减 1 轮。

冒泡排序的源程序如下：

```
t=[145,150,146,142,159,149,154,140]
a = 1   # 定义变量表示当前的第几轮
len=len(t)   # 获取列表长度
for j in range(0,len-1):   # 总共比列表长度 -1 轮
    # 已排好序的部分不再参与比较，每一轮都会少一个元素
    for i in range(0,length-1-j):
        if t[i]>t[i+1]:   # 如果第 i 项元素大于第 i+1 项元素，则进行交换
            c = t[i]   # 定义变量 c 存放 t[i] 的数据
            t[i]=t[i+1]   # t[i+1] 的数据存放在 t[i] 中
            t[i+1]=c   # 将变量 c 的数据存放在 t[i+1] 中
    print(" 第 "+str(a)+" 轮的结果：",t)
    a+=1
print(" 排序后：",t)   # 输出结果
```

运行结果：

```
第 1 轮的结果：[145, 146, 142, 150, 149, 154, 140, 159]
第 2 轮的结果：[145, 142, 146, 149, 150, 140, 154, 159]
第 3 轮的结果：[142, 145, 146, 149, 140, 150, 154, 159]
第 4 轮的结果：[142, 145, 146, 140, 149, 150, 154, 159]
第 5 轮的结果：[142, 145, 140, 146, 149, 150, 154, 159]
```

```
第 6 轮的结果： [142, 140, 145, 146, 149, 150, 154, 159]
第 7 轮的结果： [140, 142, 145, 146, 149, 150, 154, 159]
排序后： [140, 142, 145, 146, 149, 150, 154, 159]
>>>
```

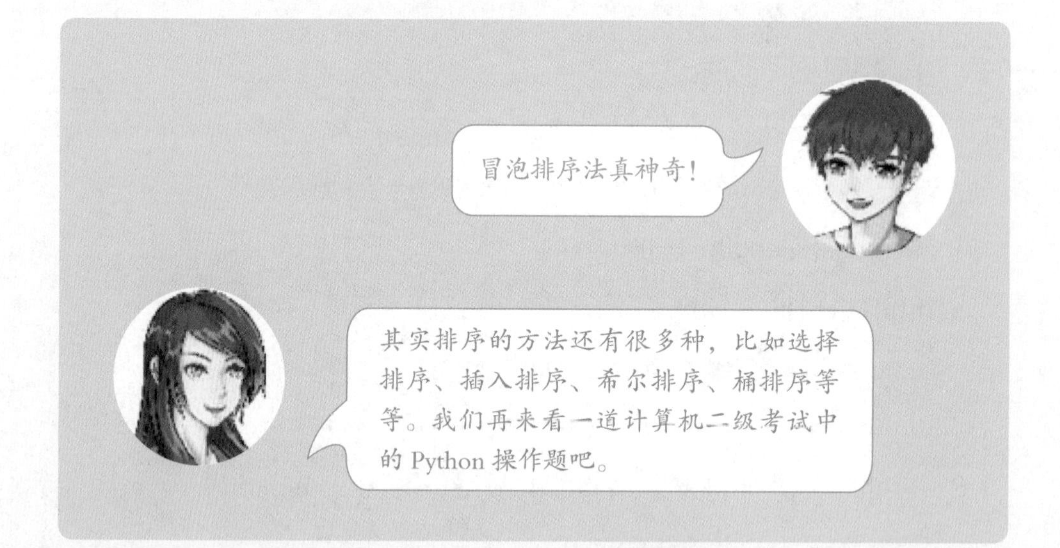

计算机二级真题——斐波那契数列

假定你有一雄一雌一对刚出生的兔子，它们在长到一个月大小时开始交配，在第二月结束时，雌兔子产下另一对兔子，过了一个月后它们也开始繁殖，如此这般持续下去。每只雌兔在开始繁殖时每月都产下一对兔子，假定没有兔子死亡，在一年后总共会有多少对兔子?

在一月底，最初的一对兔子交配，但是还只有 1 对兔子；在二月底，雌兔产下一对兔子，共有 2 对兔子；在三月底，最老的雌兔产下第二对兔子，共有 3 对兔子；在四月底，最老的雌兔产下第三对兔子，两个月前生的雌兔产下一对兔子，共有 5 对兔子；……如此这般计算下去，兔子对数分别是：1, 1, 2, 3, 5, 8, 13, 21, 34, 55,89, 144, ... 看出规律了吗?这就是著名的斐波那契（Fibonacci）数列。

斐波那契数列是这样一个数列 0, 1, 1, 2, 3, 5, 8, 13……, 这个数列第 0 项是 0，第 1 项是 1，从第三项开始，每一项都等于前两项之和。

题目要求：根据斐波那契数列的定义，F(0)=0，F(1)=1，F(n)=F(n−1)+F(n−2) (n>=2)，输出不大于 50 的序列元素。

例如：屏幕输出实例为：0,1,1,2,3,…(略)

思路分析：

F(0)=0，F(1)=1，F(n)=F(n−1)+F(n−2) (n>=2) 这个是什么意思？看不懂没关系，意思就是：这个数列从第三项开始，每一项都等于前两项之和，我们理解这句话就可以了。

	a	b	↓		
数列	0	1	1	2	……
		a	b	↑	

定义变量 a=0，b=1。

第三项：c=a+b，得到结果 1。

继续计算下一项，此时 a 的值就应该是之前 b 的值，b 就变为上一步计算得到的 c 的值，第四项：c=a+b，得到结果 2。

重复执行上面的操作，依次往后计算并输出，根据题目要求，如果 c 大于 50，跳出循环。

【参考答案】

```
a = 0
b = 1
print(a , end=',')   # 不换行以，结尾
print(b, end=',')   # 不换行以，结尾
c=0
i = 1
while True:
    c = a + b
    if c>50:
        break
```

```
print(c, end=',')
#a、b 重新赋值
a = b
b = c
```

挑战一下

本章介绍的排序算法，元素是从小到大排列，如果我们希望从大到小排序，该如何修改程序?

题目要求: 实现将列表[145,150,146,142,159,149,154,140]按从大到小排序。

提示：每一轮比较，把最小的数放在最后。

【参考答案】

```
# 从大到小排序，把最小的放到最后
t=[145,150,146,142,159,149,154,140]
a = 1   # 定义变量表示当前的第几轮
len=len(t)   # 获取列表长度
for j in range(0,len-1):   # 总共比列表长度 -1 轮
    # 已排好序的部分不再参与比较，每一轮都会少一个元素
    for i in range(0,len-1-j):
```

```
        if t[i]<t[i+1]:   # 如果第 i 项元素小于第 i+1 项元素，则进行交换
            c = t[i]   # 定义变量 c 存放 t[i] 的数据
            t[i]=t[i+1]   # t[i+1] 的数据存放在 t[i] 中
            t[i+1]=c   # 将变量 c 的数据存放在 t[i+1] 中
    print("第"+str(a)+"轮的结果：",t)
    a+=1
print("排序后：",t)   # 输出结果
```

第 15 章

数据加密与解密

姐姐，今天我同学给我了一个小纸条，上面写的什么我看不懂，纸条内容是：Gr#|rx#zdqw#wr#jr#wr#wkh#flqhpd#zlwk#ph#wrpruurzB

哈哈，他肯定知道你会编程吧，这可能是一个加密的信息哦~

加密的信息？那我怎样才能破解？

如果你想破解它你就需要先了解数据是如何加密的。

恺撒加密法

生活中就有许多关于加密解密的应用场景，例如：登录微信或 QQ 等社交软件的账号密码、使用手机或银行卡支付需要输入密码等，这些重要的信息在网络传输中，就需要经过十分复杂的加密算法以确保信息安全。

在密码学中，恺撒密码是一种最简单且最广为人知的加密技术。根据苏维托尼乌斯的记载，恺撒曾用此方法对重要的军事信息进行加密：

“如果需要保密，信中便用暗号，也即是改变字母顺序，使局外人无法组成一个单词。如果想要读懂和理解它们的意思，得用第 4 个字母置换第一个字母，即以 D 代 A，余下的以此类推。”

恺撒加密法是一种替换加密的技术，明文中的所有字母都在字母表上向后（或向前）按照一个固定数目进行偏移后被替换成密文。例如向后偏移 3 位进行替换（图 15-1）。

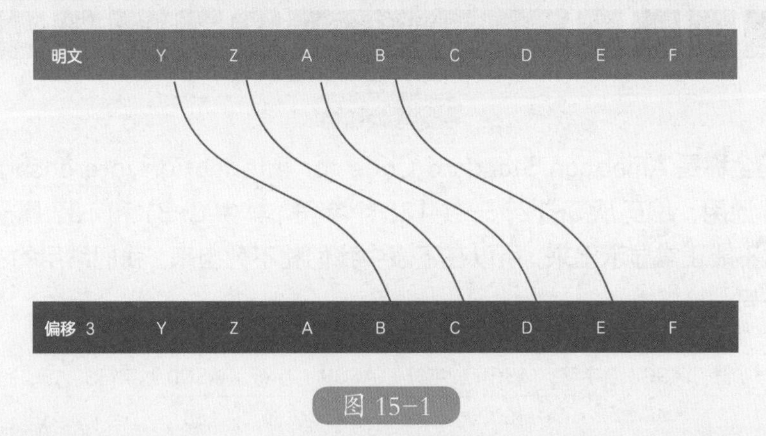

图 15-1

我明白了，比如 hello 按偏移量是 3 来加密就是：khoor，但是如果加密内容中还有数字、标点符号、空格等字符怎么办？

这就需要有一个更大更全的表了，这样才能找到对应关系。

ASCII 码

在我们的键盘（如图 15-2 所示）上除了 26 个字母，还有很多特殊符号，这上面的每一个字符在计算机中都有一个对应的数字编码，大家如果要想互相通信而不造成混乱，那么就必须使用相同的编码规则，于是美国有关的标准化组织就出台了 ASCII 编码，统一规定了上述常用符号用哪些数来表示。

图 15-2

ASCII 码全称是 American Standard Code for Information Interchange，由美国制定，在全世界通用，编码从 0~127 一共 128 个字符，其中 0~31 和 127 属于控制字符，控制字符通常不能正常显示出来，所以在下表中我们就不列出来。我们常用的主要是字母、数字、标点符号。

字符	ASCII	字符	ASCII	字符	ASCII	字符	ASCII	字符	ASCII	字符	ASCII	字符	ASCII
	32	.	46	<	60	J	74	X	88	f	102	t	116
!	33	/	47	=	61	K	75	Y	89	g	103	u	117
“	34	0	48	>	62	L	76	Z	90	h	104	v	118
#	35	1	49	?	63	M	77	[	91	i	105	w	119
$	36	2	50	@	64	N	78	\	92	j	106	x	120
%	37	3	51	A	65	O	79	]	93	k	107	y	121
&	38	4	52	B	66	P	80	^	94	l	108	z	122
‘	39	5	53	C	67	Q	81	_	95	m	109	{	123
(	40	6	54	D	68	R	82	`	96	n	110	|	124
)	41	7	55	E	69	S	83	a	97	o	111	}	125
*	42	8	56	F	70	T	84	b	98	p	112	~	126
+	43	9	57	G	71	U	85	c	99	q	113		
,	44	:	58	H	72	V	86	d	100	r	114		
–	45	;	59	I	73	W	87	e	101	s	115		

有了这个 ASCII 码表问题就解决了，例如：从表中找到“=”，它对应的 ASCII 是 61，如果向后偏移 3 位就是 61+3=64，64 对应的字符是“@”，那么“=”按恺撒加密后就应该是“@”。

现在如果你跟你的好朋友都有这张表，并约定好加密偏移量，那么就能够进行秘密通信了。

这要是加密一段文字岂不把人累死。

哈哈，观察一下规律，是不是可以用程序来帮你实现呢？

如果我输入一个字符，电脑能把它对应的 ASCII 码找到，然后再加上偏移量得到一个新的数字，只要再将这个数字转为对应的字符就可以了。

好，下面我们就来看看如何实现字符与 ASCII 码互相转换

利用 ASCII 码实现恺撒加密

实现字符与 ASCII 码互相转换需要用到下面两个常用的函数：

➢ 将 ASCII 码值转换成字符

函数 chr(ASCII 码值) 将数值转换成对应的字符。

```
>>>chr (65)
'A'
```

➢ 将字符转换成对应的 ASCII 码

函数 ord(字符) 将字符转换成对应的 ASCII 码。

```
>>>ord ('D')
68
```

万事俱备，下面我们就根据图 15-3 的方式来用程序编写一个加密程序。

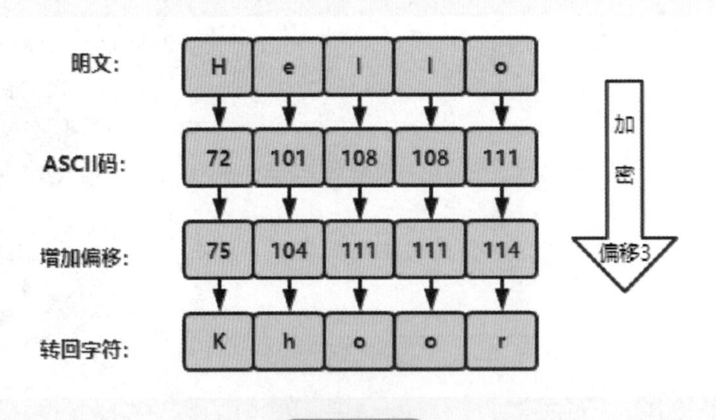

图 15-3

```
# 定义加密函数
#s: 要加密的字符串
#key: 偏移量，一般称为密钥
def encrypt(s,key):
    s1 = ''  # 定义一个新的字符串存放加密结果
    for i in s:
```

```
        a=ord(i)  # 将字符转为 ASCII 码
        a=a+key   #ASCII 码值 + 偏移量
        c=chr(a)  # 将 ASCII 码转回字符
        s1 = s1 + c  # 加密后的字符再拼接成字符串
    return s1
# 调用函数
s='Hi,can I help you?'
print(encrypt(s,3))
```

在这段程序中，定义了一个加密的函数 encrypt(s,key)，函数中使用 for 循环直接遍历了字符串 s, 将字符串中的每一个字符转 ASCII 码，然后增加偏移量 key，再将 ASCII 码转回字符，拼接并返回，实现了加密。运行结果：

```
Kl/fdq#L#khos#|rxB
>>>
```

目前看来这个程序能够顺利进行字符串的加密，但是它也存在一个问题，因为 ASCII 码是 0~127，特殊情况下，如果我们对 ASCII 码值按照偏移量增加超出了这个范围，那么程序就会出问题。比如“~”的 ASCII 码是 126，要向后偏移 3 位的话，按照上面的算法就是 126+3=129，实际上当 ASCII 码大于 127 就应该又从 0 开始，因此偏移后正确的结果应该是 1（129−127 超出 2 位，由于从 0 开始，所以再减 1，129−127−1 结果就是 1）。同理如果是向前偏移的话，若小于零就应该从 127 开始倒数，如图 15-4 所示。

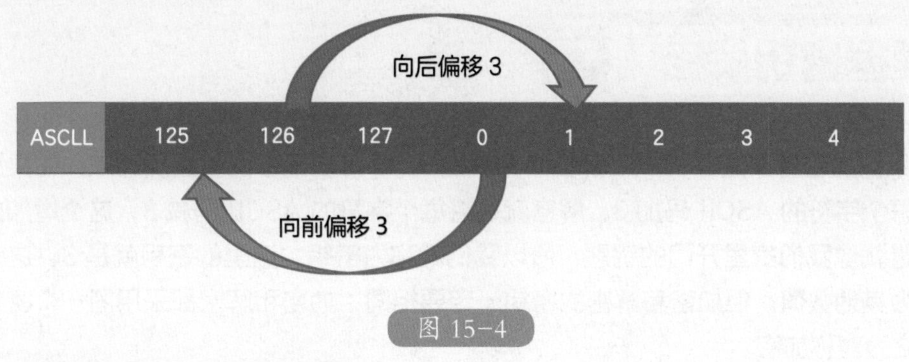

图 15-4

我们对刚才的程序进行修改完善：

```
# 定义加密函数
#s: 要加密的字符串
#key: 偏移量，一般称为密钥
def encrypt(s,key):
    s1 = ''   # 定义一个新的字符串存放加密结果
    for i in s:
        a=ord(i)   # 将字符转为 ASCII 码
        a=a+key   #ASCII 码值 + 偏移量
        if a>127:   #ASCII 码超出范围 127 从零开始
            a=a-127-1   # 因为从 0 开始所以还要再减 1
        elif a<0:   #ASCII 码小于 0，从 127 开始倒数
            a=a+127+1
        c=chr(a)   # 将 ASCII 码转回字符
        s1 = s1 + c   # 加密后的字符再拼接成字符串
    return s1
# 调用函数
s='Hi,can I help you?'
print(encrypt(s,3))
```

根据密钥解密

如果把加密看作是 A+B=C, 那么解密就是 A=C-B。简单说就是反过来，如果加密的时候将每个字符的 ASCII 码加 3，解密就是将每个字符的 ASCII 码减 3，这个增加或减少的偏移量就像我们家里开门的钥匙，所以我们就称为密钥，这里的密钥就是 3，这个密钥可以改为其他数值。但加密和解密的密钥一定要相同，加密和解密都采用同一个密钥，我们就称之为对称加密。

我们根据加密函数的思路再来写一个解密的方法：

```
# 定义解密函数
#s: 要解密的字符串
#key: 密钥
def decrypt(s,key):
    s1=''  # 定义一个新的字符串存放解密结果
    for i in s:
        a=ord(i)  # 将字符转为 ASCII 码
        a=a-key   #ASCII 码值 - 偏移量
        if a>127:  #ASCII 码超出范围 127 从零开始
            a=a-127-1   # 因为从 0 开始所以还要再减 1
        elif a<0:  #ASCII 码小于 0，从 127 开始倒数
            a=a+127+1
        c=chr(a)  # 将 ASCII 码转回字符
        s1 = s1 + c   # 解密后的字符再拼接成字符串
    return s1
# 调用函数
s='Kl/fdq#L#khos#|rxB'
print(decrypt(s,3))
```

运行程序，一句看不懂的密码被成功破译：

```
Hi,can I help you?
>>>
```

通过上面的程序你会发现实现解密最关键的信息就是密钥（偏移量），在不知道密钥的情况下，那么你就只有想办法去破解了。

在当时，因为恺撒的敌人中大部分都是目不识丁的文盲，更别说是加密过的文字，对他们来说这些消息简直就是天书。即使有人猜测出这是加密后的文字，根据现有的记载，当时也没有任何技术能够短时间破解这一最基本、最简单的替换密码。因此这种加密被用了很长时间。

16 世纪，苏格兰的玛丽女王也使用了这种加密方法来完成很多秘密消息的传递，不过事实也证明了，她确实被这个方法给坑了。当她因叛国罪接受审判的时候，玛丽相信即使沃尔辛厄姆拿到这些信，他也只能对信中字母的意思感到毫无头绪。如果信中的内容成一个谜，那么这些信就不能作为对其不利的证据。然而，所有这些都建立在一个假设之上，就是这些密码不能被破解。那最终她的密码是如何败露的，现在你可能疑惑，这个加密的问题出在哪了，看上去确实没有啥问题啊，但实际上破解的方法却很简单。

暴力破解恺撒密码

所谓暴力破译就是穷举所有可能的密钥，直到找出正确解密密钥的破译方法。

下面，我们就来尝试破解一下小白收到的纸条信息吧。ASCII 编码是从 0~127，如果加密都是向后偏移的话，那么密钥的可能性就是 1~127，我们的做法就是挨个去尝试这些密钥，也就是说解密的结果会有 127 种，再从中筛选出正确的明文。

```
def decrypt(s,key):
    s1 = ''   # 定义一个新的字符串存放加密结果
    for i in s:
        a=ord(i)   # 将字符转为 ASCII 码
        a=a-key   #ASCII 码值 + 偏移量
        if a>127:   #ASCII 码超出范围 127 从零开始
            a=a-127-1   # 因为从 0 开始所以还要再减 1
        elif a<0:   #ASCII 码小于 0，从 127 开始倒数
```

```
            a=a+127+1
        c=chr(a)  # 将 ASCII 码转回字符
        s1 = s1 + c  # 加密后的字符再拼接成字符串
    return s1
# 暴力破解
s='Gr#|rx#zdqw#wr#jr#wr#wkh#flqhpd#zlwk#ph#wrpruurzB'
for k in range(1,128):  # 尝试 1-127 这些不同的密钥，进行破解
    res=decrypt(s, k)  # 解密
    print(k,res)
```

运行程序，我们就会看到 127 种破译结果，从中就能找到正确的明文了，如图 15-5 所示。

```
1 Fq"{qw"ycpv"vq"iq"vq"vjg"ekpgoc"ykvj"og"vqoqttqyA
2 Ep!zpv!xbou!up!hp!up!uif!djofnb!xjui!nf!upnpsspx@
3 Do you want to go to the cinema with me tomorrow?
4 Cnxntv`mssnfnsnsgdbhmdl`vhsgldsnlnqqnv>
5 Bmwmsu_lrrmemrmrfcaglck_ugrfkcrmkmppmu=
6 Alvlrt^kqqldlqlqeb`fkbj^tfqejbqljloolt<
7 @kukqs]jppkckpkpda_ejai]sepdiapkiknnks;
8 ?j□tjp□r\io□oj□bj□oj□oc`□^di`h\□rdoc□h`□ojhjmmjr:
9 >i□sio□q[hn□ni□ai□ni□nb_□]ch_g[□qcnb□g_□nigilliq9
10 =h□rhn□pZgm□mh□`h□mh□ma^□\bg^fZ□pbma□f^□mhfhkkhp8
11 <g□qgm□oYfl□lg□_g□lg□l`]□[af]eY□oal`□e]□lgegjjgo7
12 ;f□pfl□nXek□kf□^f□kf□k_\□Z`e\dX□n`k_□d\□kfdfiifn6
13 :e□oek□mWdj□je□]e□je□j^[□Y_d[cW□m_j^□c[□jecehhem5
14 9d□ndj□lVci□id□\d□id□i]Z□X^cZbV□l^i]□bZ□idbdggdl4
15 8c□mci□kUbh□hc□[c□hc□h\Y□W]bYaU□k]h\□aY□hcacffck3
16 7b□lbh□jTag□gb□Zb□gb□g[X□V\aX`T□j\g[□`X□gb`beebj2
```

图 15-5

练一练

一、在暴力破解中，如果 key 的可能性越多，我们进行人工筛选的困难越大，那么如何才能让程序帮我们找到正确的明文呢？请尝试编写一个检测结果的函数，如果检测的内容中包含至少两个最常见的英文单词（'the', 'is', 'to', 'not', 'have', 'than', 'for', 'ok', 'and'）代表破解成功。

二、尝试自己设计一个加密算法，让它更不易被破解（选做）。

【参考答案】

一、检测破译结果，如果破译成功，显示结果并停止检测。

```
# 检测破译结果
def check(text):
    Words = ('the','is','to','not','have','than','for','ok','and')
    c=0   # 统计包含的单词个数
    for word in Words:
        if word in text:   # 包含的话计数加 1
            c+=1
    return c
# 暴力破解
s='Gr#|rx#zdqw#wr#jr#wr#wkh#flqhpd#zlwk#ph#wrpruurzB'
for k in range(1,128):   # 尝试 1-127 这些不同的密钥，进行破解
    res=decrypt(s, k)   # 解密
    if check(res)>1:   # 检测包含至少两个常见单词，破译成功
        print(res)
        break;
```

第 16 章

二进制

姐姐，昨天我看了一部电影，里面竟然通过一台织布机传递加密信息，这是真的吗？

电影可能是虚构的，但从理论上讲倒是可以的，因为可以通过织布机上的布快速写出一串串只有 0 和 1 的数字，然后根据数字就能得到一些机密信息，这就要从二进制讲起。

图 16-1 所示就是布料放大后的效果。

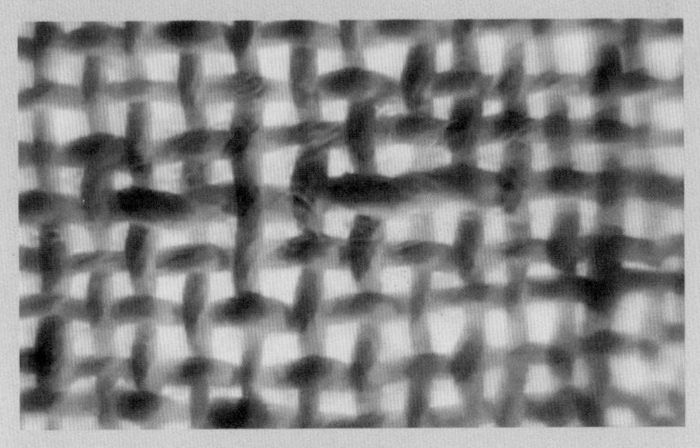

图 16-1

什么是二进制

二进制计数仅用两个数，0 和 1，任何具有两个不同稳定状态的元件都可以用 0 和 1 来表示。如：开关的“开”和“关”、电压的“高”和“低”、“正”和“负”、纸带上的“有孔”和“无孔”、电路中的“有信号”和“无信号”等等。我们使用的计算机是由逻辑电路组成的，电路中通常只有两个状态，开关的接通和断开，这两种状态正好可以用“1”和“0”表示，因此，二进制也算是计算机的“语言”。

学习数学的时候，发现数都遵循着“逢十进一”这样的规则，在编程中称为十进制。而二进制则遵循了“逢二进一”的规定，即某一数位上的数等于 2 就要向左进位 1，以此类推，如图 16-2 所示。

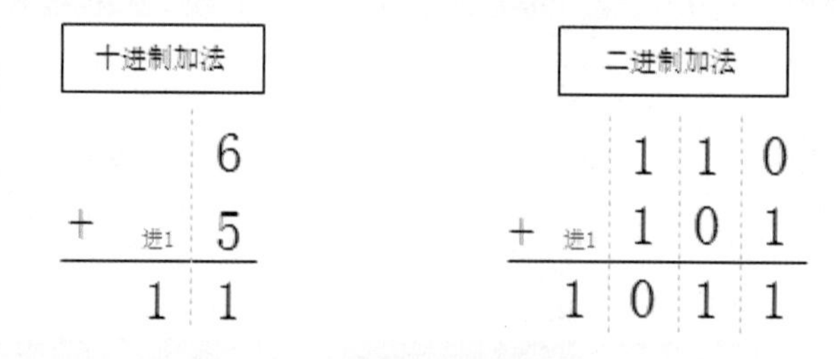

图 16-2

在编写的程序中所做的数学运算，在计算机中实际上会转换为二进制后，再进行运算，得到结果再转回十进制呈现出来。

知道了二进制，那就可以解释织布机是如何传递信息的了。上一章中我们知道了可以把字符转为 ASCII 码（如图 16-3 所示），如果把 ASCII 码再转为二进制，通过织布机上经线与纬线的上下关系表示出来，最后再把这些二进制信息转为字符，就可以了。

图 16-3

十进制转二进制

那怎么进行转换呢？

我用短除法竖式给你演示一下，看完你就明白了。

通过短除法列竖式，每一次都除以 2，直到结果为 0 为止，如图 16-4 所示。

余数

```
2 | 6      0  ↑
   2 | 3   1  |
      2 | 1  1  |
          0
```

被除数	除数	商	余数
6	2	3	0
3	2	1	1
1	2	0	1

图 16-4

从图 16-4 中可以看出，用 6 除以 2，6 刚好能被整除，得到商为 3，余数为 0；用得到的商 3 再除以 2，3 无法被整除，得到的商为 1，而余数为 1；最后再用商 1 除以 2，1 无法被整除而且也不足 2，则得到的商为 0，而余数为 1。最后倒序（按箭头方向）从下往上看观察余数，即得到转换二进制的结果 110。

是不是很简单呢？试一试将十进制的 5 转换为二进制，观察一下结果是不是 101 呢？

根据这个“逢二进一”的规律，任意十进制的数都可以转为二进制，尝试一下不同的数转换为二进制。这里列举了一些数，看下转换后的是否正确。

十进制数	二进制数
23	10111
35	100011
15	1111

二进制转十进制

前面展示了十进制如何转换为二进制的方式，如何将二进制转换为十进制呢？

由二进制转换十进制，需要用到 2 的 n 次方（2^n）的知识。2 的 n 次方简单理解就是 n 个 2 相乘，比如 2 的 0 次方结果为 1（任何非零自然数的 0 次方都是 1）；2 的 1 次方表示 1 个 2 相乘，2 的 2 次方表示 2 个 2 相乘，即 $2^2=2\times2=4$；2 的 3 次方就表示 3 个 2 相乘，即 $2^3=2\times2\times2=8$，以此类推。

二进制 110，怎么转为十进制数 6 呢？

计算方法如图 16-5 所示，从最高位也就是最左侧开始算起，位上的数字乘以本位的权重（权重就是 2 的位数减一次方），再把各个位置的值相加，就得到了十进制结果。比如最左侧位上的数是 1，从右数它在第 3 位，那么权重就是 2 的 3-1 次方，即 1×2^2；下一位就是 1×2^1；最后一位就是 0×2^0，然后相加，如图 16-5 右侧所示。

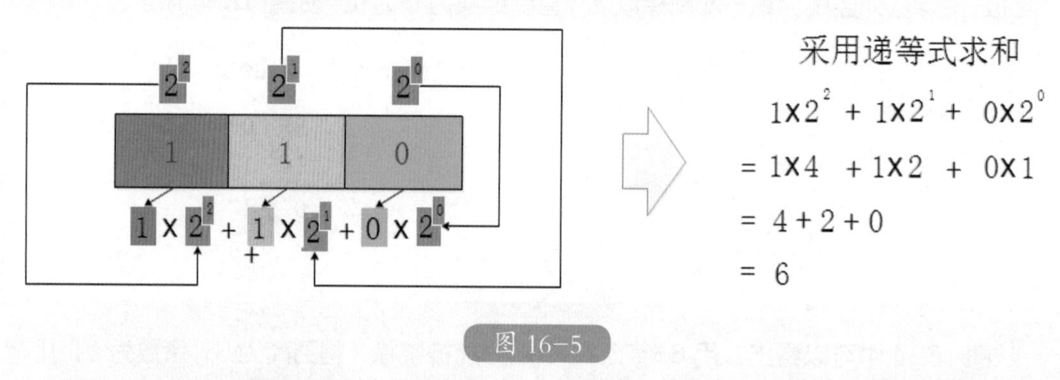

图 16-5

因为 0 乘以任何数都是 0，只需要将 1 的位置按对应的次方相乘，最后再把这些数全部相加就可以得到对应的十进制的数。

编程解决问题

如何用 Python 来实现输入任意一个十进制数，程序自动将它转成二进制呢？针对这个问题我们分析一下。

程序要求：

- 能从键盘输入任意一个十进制数；
- 将输入的数转成二进制输出。

分析设计：编写程序之前，观察一下前面十进制转换二进制时找到一些规律，不难发现其实是在不断地求余数的过程；而当商为 0 的时候，则不需要继续再往下运算。求取余数的过程可以使用循环语句来执行，而当商为 0 时，则控制循环语句终止。

定义四个变量 a，b，c，d。a 表示被除数，b 表示除数，c 表示商，d 表示余数，根据分析，我们得到如下的计算公式：

```
c=a/b   #a 除以 b 的商取整数，小数点后的数不要
d=a%b   #a 除以 b 的余数
```

因为余数会不断地发生变化，我们需要将运算过程中产生的余数存起来，由于不能提前知晓从键盘输入的数是什么，余数的个数可能不同（比如 6 的二进制 110 有 3 位，23 的二进制 10111 有 5 位），因此需要将这些余数存入一个列表中。

最后当商为 0 即 c==0 的时候就结束循环语句，输出结果即可。根据分析，代码如下：

```
# 十进制转二进制
n = input(' 请输入一个十进制数 ')   # 输入的数 n
a = int(n)   # 将 n 转换成整数，放在被除数 a 里
b = 2   # 除数设置 2
bin = []   # binary 创建一个空的列表，存放二进制结果
while True:
    c = int(a / b)
    d = a % b
    bin.insert(0, d)   # 将余数插入列表中
    if c == 0:   # 商为 0 表示计算完成
        print(n, ' 转换为二进制的结果是 ')
        print(bin)   # 输出列表的值
        break   # 退出循环
    else:
        a = c   # 将上次计算的商当作被除数，继续
```

运行结果：

```
请输入一个十进制数 21
21 转换为二进制的结果是
[1, 0, 1, 0, 1]
>>>
```

扩展知识

计算机中除了二进制，也常常会使用八进制和十六进制。通过这一章的学习，我们能了解到一个几百几千的十进制数转换成二进制数后位数非常多；比如 489 的二进制是 111101001，这样的数据看起来非常吃力，不方便记录和阅读。由此就采用八进制和十六进制来表达一些很长的数。

为什么不用十进制呢？这是因为八进制和十六进制刚好是 2 的 3 次方和 4 次方，对应的就是二进制的 3 位和 4 位，从八进制、十六进制转换为二进制转换更加方便。

挑战一下

我们已经学会了如何将十进制数转为二进制，试着挑战一下用 Python 来实现输入任意一个十进制数，程序自动将它转成八进制（方法同二进制）。

练一练

一、选择题

1) 十进制 9 对应的二进制是多少______。

A. 1100　B. 1011　C. 1101　D. 1001

2) 二进制 100000 转换为十进制是多少______。

A. 32　B. 64　C. 16　D. 35

第17章

图形化编程 Tkinter

姐姐，学了这么多都是在命令窗口下输出显示，怎么才能做一个有界面的软件呢？

你说的是图形化编程了，专业术语简称 GUI。Python 中可以使用 Tkinter 模块快速地创建 GUI 应用程序。

我知道，我们之前用了随机数还有小海龟 turtle，直接用 import 将它引用到程序中对吧。

是的，下面我们就动手做一做，创建一个简单的登录验证程序。

什么是 Tkinter

在 Python 中创建图形界面程序有很多种选择，其中 PyQt 和 wxPython 都是很热门的模块包，这些第三方的图形界面模块功能强大、配置丰富、界面美观，是很多人的选择。

而我们要介绍的是 Python 内置的一个图形界面模块——Tkinter。Tkinter 最大的优势在于它是 Python 的内置模块，所以不需要进行额外的安装，这也就避免了很多刚刚接触 Python 的小伙伴可以顺利地开始 import。同时，因为是内置模块，因此在程序打包为 exe 或其他可执行文件的时候，打包出来的程序文件不会特别的大。下面，我们开始正式学习使用 Tkinter 编写 Python 图形界面程序。

Tkinter 登录验证程序

我们先看如何设计一个登录验证的程序，登录的窗口需要有提示性的文字：用户名、密码；要有能够让用户输入的文本框；一个按钮单击可以进行登录，如图 17-1 所示。

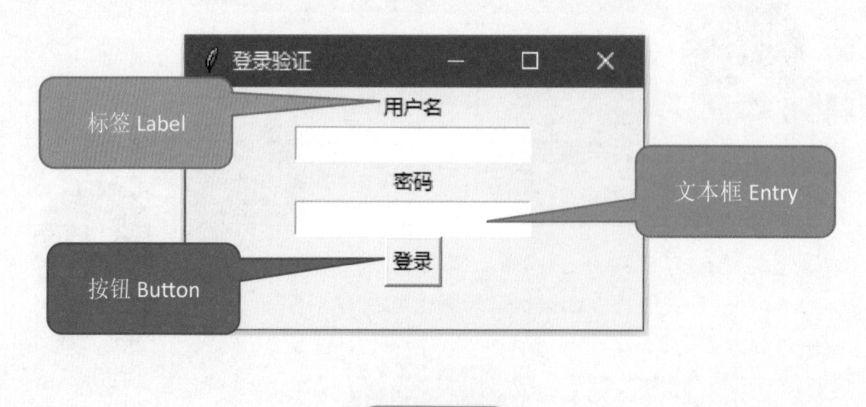

图 17-1

➢ 第一步：创建基础的窗口界面

最开始我们需要用代码生成一个窗口，有了窗口之后才可以在上面放一些其他东西，比如文字、输入框、按钮等等，这些我们都称为控件。

生成窗口的代码如下：

```
import tkinter as tk    # 引入 tkinter
window=tk.Tk()
```

```
window.title('登录验证')  # 窗口名称
window.mainloop()
```

试运行一下，程序输出的结果如图 17-2 所示。

图 17-2

➢ 第二步：添加提示文字和可以让用户输入的文本框

```
import tkinter as tk  # 引入 tkinter
window=tk.Tk()
window.title('登录验证')  # 窗口名称
# 创建姓名标签
lab1=tk.Label(window,text='用户名')
lab2=tk.Label(window,text='密码')
# 创建姓名文本框
en1=tk.Entry(window)
en2=tk.Entry(window,show="*")  # 密码不能明文显示，用 * 代替
# 将控件按顺序放置到主窗口中
lab1.pack()
en1.pack()
```

```
lab2.pack()
en2.pack()
window.mainloop()
```

运行结果如图 17-3 所示。

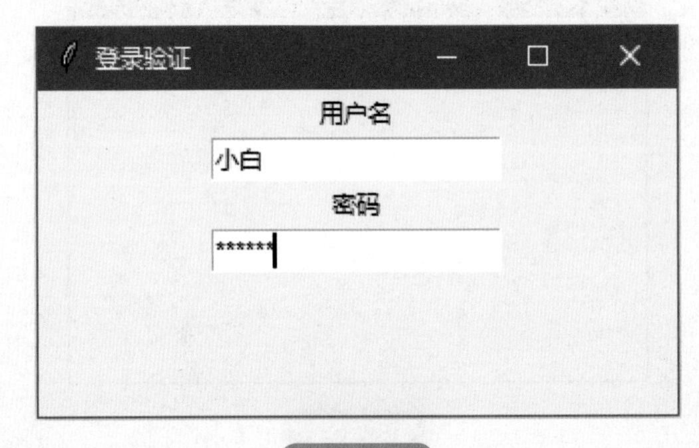

图 17-3

➢ 第三步：添加一个登录按钮

```
import tkinter as tk   # 引入 tkinter
window=tk.Tk()
window.title(' 登录验证 ')   # 窗口名称
# 创建姓名标签
lab1=tk.Label(window,text=' 用户名 ')
lab2=tk.Label(window,text=' 密码 ')
# 创建姓名文本框
en1=tk.Entry(window)
en2=tk.Entry(window,show="*")   # 密码不能明文显示，用 * 代替
# 创建按钮
btn=tk.Button(text=' 登录 ')
```

```
# 将控件按顺序放置到主窗口中
lab1.pack()
en1.pack()
lab2.pack()
en2.pack()
btn.pack()
window.mainloop()
```

至此，我们的登录窗口就完成了，运行看一下，如图 17-4 所示。但是输入用户名和密码之后，单击登录却没有任何反应。

下面我们来分析一下登录要执行的操作，当用户单击登录的时候会触发一个事件，我们可以将它绑定到一个函数，来实现登录操作，跟 Scratch 中的当角色被点击事件一样，如图 17-5 所示。

图 17-4　　图 17-5

那么这个事件发生后要去做什么呢?

- 从输入框获取用户名和密码。
- 对用户名和密码进行校验，如果匹配成功则提示登录成功，否则登录失败。

现在我们就来编写按钮被单击时绑定的函数（这里需要再引入一个 tkinter.messagebox 模块，目的就是为了在进行登录验证时给出相应的消息提示）。

```
# 定义一个登录验证函数，当登录按钮按下的时候执行该函数
def login():
```

```
    u=en1.get()  # 从文本框中获取用户名
    p=en2.get()  # 从文本框中获取取密码
    if u!=' 小白 ':  # 判断用户名是否是小白
        tk.messagebox.showwarning(title=' 提醒 ',message=' 用户名错误 ')
    elif p!='123456':  # 判断密码是否是 123456
        tk.messagebox.showerror(title=' 错误 ',message=' 密码错误 ')
    else:
        tk.messagebox.showinfo(title=' 恭喜 ', message=' 登录成功 ')
```

定义好这个函数之后就需要把它绑定到按钮上，方法就是在创建按钮时增加一个参数：command=login，完整的程序如下：

```
import tkinter as tk  # 引入 tkinter
import tkinter.messagebox  # 引用消息提示框
# 定义一个登录验证函数，当登录按钮按下的时候执行该函数
def login():
    u=en1.get()  # 从文本框中获取用户名
    p=en2.get()  # 从文本框中获取密码
    if u!=' 小白 ':  # 判断用户名是否是小白
        tk.messagebox.showwarning(title=' 提醒 ',message=' 用户名错误 ')
    elif p!='123456':  # 判断密码是否是 123456
        tk.messagebox.showerror(title=' 错误 ',message=' 密码错误 ')
    else:
        tk.messagebox.showinfo(title=' 恭喜 ', message=' 登录成功 ')
# 创建窗口
window=tk.Tk()
window.title(' 登录验证 ')  # 窗口名称
```

```
# 创建姓名标签
lab1=tk.Label(window,text=' 用户名 ')
lab2=tk.Label(window,text=' 密码 ')
# 创建姓名文本框
en1=tk.Entry(window)
en2=tk.Entry(window,show="*")  # 密码不能明文显示，用 * 代替
# 创建按钮
btn=tk.Button(text=' 登录 ',command=login)  # 绑定 login
# 将控件按顺序放置到主窗口中
lab1.pack()
en1.pack()
lab2.pack()
en2.pack()
btn.pack()
window.mainloop()
```

运行程序，当我们从键盘输入用户名和密码后，就可以用鼠标单击登录进行验证，如果输入的用户名和密码正确，系统会显示登录成功，如果验证失败，也会给出相应的提示信息。这样我们的图形化程序就编写完成了，运行效果如图 17-6 所示。

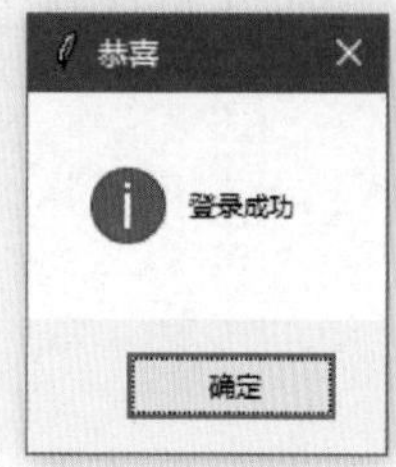

图 17-6

登录的界面做好了，是不是觉得没什么实际功能。

嗯，我想做一个真正可以使用的软件。

登录系统是一个比较综合性的项目，往往会用到数据库的相关知识，这在未来的学习中我们再继续讲，下面我们就做一个类似咱们电脑中的记事本软件吧。

用 Tkinter 做一个记事本

先来看一看记事本的界面组成，如图 17-7 所示。窗口上的元素主要有两部分组成：主菜单与下面的文本编辑区。

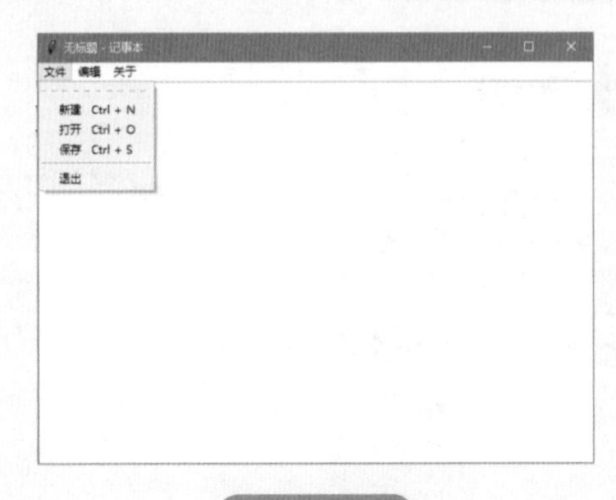

图 17-7

主菜单下有子菜单，菜单结构如图 17-8 所示。

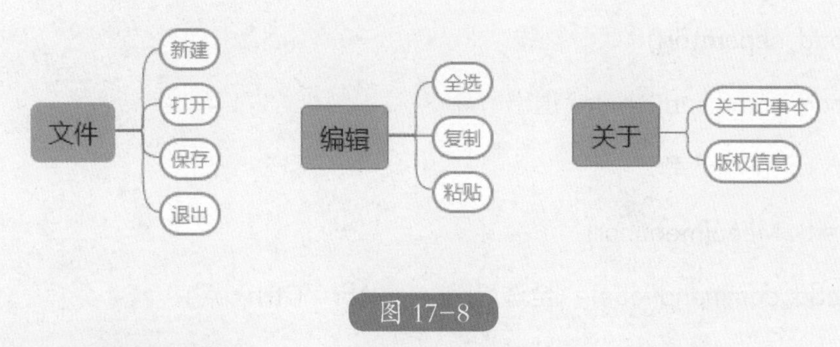

图 17-8

➢ 第一步：构建主体框架

1．首先还是要生成一个窗口，代码与前面的相同：

```
import tkinter as tk
root = tk.Tk()
# 设置名字
root.title(" 无标题 - 记事本 ")
# 窗口大小 (600x400) + 窗口的显示位置 (100,100)
root.geometry("600x400+100+100")
root.mainloop()
```

2．添加菜单，先创建一个菜单实例，然后将菜单标签和其他子菜单添加进去。add_command() 是添加一个普通的命令菜单项；add_cascade() 用于创建下拉菜单，将子菜单关联到顶层菜单上，代码如下：

```
# 在大窗口下定义一个菜单实例
menubar = tk.Menu(root)
# 文件菜单下创建子菜单
fmenu = tk.Menu(menubar)
fmenu.add_command(label=" 新建 ",accelerator='Ctrl + N')
fmenu.add_command(label=" 打开 ",accelerator="Ctrl + O")
```

```
fmenu.add_command(label=" 保存 ",accelerator="Ctrl + S")
fmenu.add_separator()  # 分割线
fmenu.add_command(label=" 退出 ")
# 编辑菜单下的子菜单
vmenu = tk.Menu(menubar)
vmenu.add_command(label=" 全选 ",accelerator='Ctrl + A')
vmenu.add_command(label=" 复制 ",accelerator='Ctrl + C')
vmenu.add_command(label=" 粘贴 ",accelerator="Ctrl + V")
# 关于菜单下的子菜单
amenu = tk.Menu(menubar)
amenu.add_command(label=" 关于记事本 ")
amenu.add_command(label=" 版权信息 ")
# 为顶级菜单实例添加菜单，并关联到子菜单
menubar.add_cascade(label=' 文件 ',menu=fmenu)
menubar.add_cascade(label=' 编辑 ',menu=vmenu)
menubar.add_cascade(label=' 关于 ',menu=amenu)
# 菜单实例应用到大窗口中
root['menu']=menubar
```

将上面的代码添加到最后一行 root.mainloop() 之前，然后保存运行，结果如图 17-9 所示。

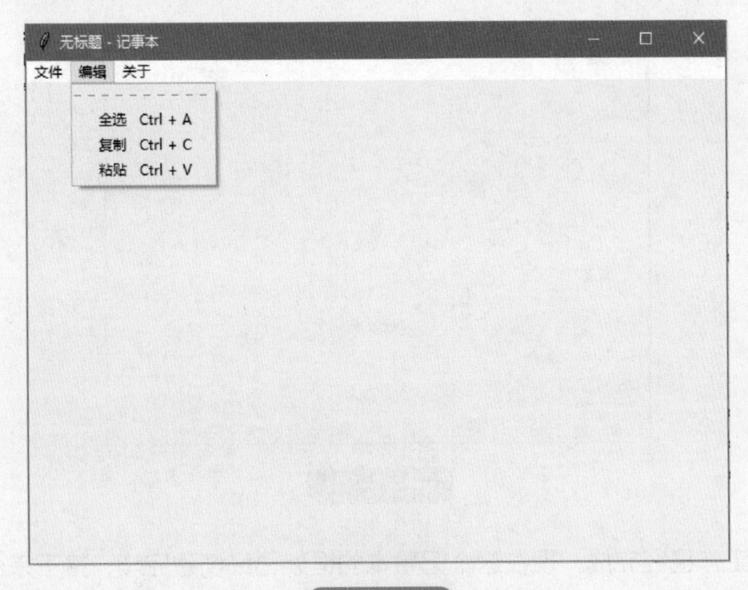

图 17-9

3. 添加文本编辑框，整个记事本的编辑区域是一个 Text（文本）组件，用于显示和处理多行文本，它常常也被用于作为简单的文本编辑器和网页浏览器使用。跟菜单一样，同样先创建一个 text 实例，然后通过 pack() 方法放置到窗口中。expand 参数表示的是将组件放置在剩余空闲位置上的中央（yes 表示放置在中央 ;no 表示不放在中央）；fill 表示的是对于整个窗口是否进行填充（ill="x"，表示横向填充；fill="y"，表示纵向填充；fill="both"，表示横向和纵向都填充）。

```
# 编辑区，添加多行文本框
text = tk.Text()
# 放置在中心并全部填充
text.pack(expand=tk.YES,fill=tk.BOTH)
```

再将上面的代码添加到 root.mainloop() 之前，也就是菜单代码之后。然后保存运行，结果如图 17-10 所示。

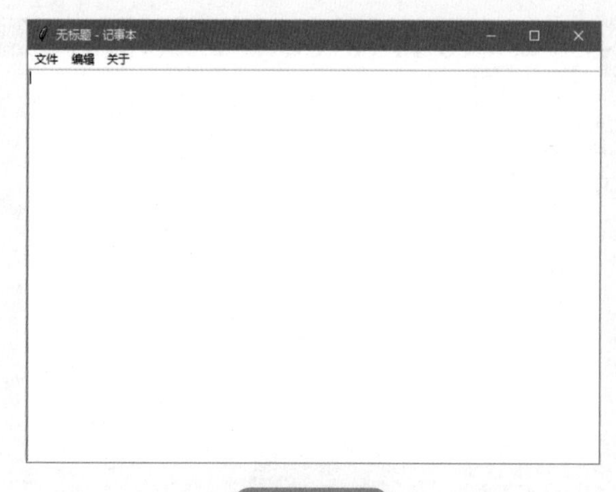

图 17-10

第一步的工作已经完成，现在这个记事本的框架已经创建完毕，接下来就是要实现每一个菜单选项的功能。

➢第二步：定义函数，实现菜单中每个选项的功能

从图 17-8 中我们看到总共有个 9 菜单项，也就是说我们需要定义 9 个函数，然后将这些函数关联到对应的菜单上，接下来我们逐个完成。

1. 新建文件，定义函数 newf()。在新建文件时先弹出一个对话框（需要 import tkinter.messagebox，放置在 import tkinter as tk 之后），提示是否保存？避免当前文件丢失，如果选择是，则执行保存功能，否则清空当前文本框所有内容。

```
#1、新建文件
def newf():
    if tk.messagebox.askquestion('提示','是否保存文本？ ')=='yes':
        savefile()   #自己定义的保存文件方法
    else:
        text.delete(1.0,tk.END)   #删除全部，1.0 表示第一行第 0 列，END 是结尾
```

2. 打开文件，这时会用到文件对话框（需要 import tkinter.filedialog，也放置在 import tkinter as tk 之后）。tkinter.filedialog.askopenfilename(): 选择打开什么文件，

返回文件名。再根据之前学习的文件操作，读取文件内容，将内容通过 insert("1.0",txt) 方法插入，1.0 表示第一行第 0 列，也就是插入到最开始位置。

```
# 2、打开文件
def openfile():
    if tk.messagebox.askquestion(' 提示 ', ' 是否保存文本？ ')=='yes':
        savefile()
    else:
        text.delete(1.0, tk.END)   # 删除全部
        filename = tk.filedialog .askopenfilename(title=' 打开文档 ',
filetypes=[(' 文本文档 ',"*.txt"),("py 文件 ","*.py")])
        print(filename)
        if not filename:
            return
        txt = open(filename).read()   # 读取内容
        text.insert("1.0",txt)   # 插入内容
            root.title("%s - 记事本 "%filename.split('/')[-1])
```

3．保存文件，tkinter.filedialog.asksaveasfilename(): 选择以什么文件名保存，返回文件名。根据文件操作的方法，text.get(1.0,END) 获取将多行文本框中的内容，再写入到文件中。

```
#3、保存文件
def savefile():
    filename= tk.filedialog .asksaveasfilename (title=' 另存为 ', initialfile=' 未命名 .txt',filetypes=[(" 文本文档 ","*.txt")],defaultextension='.txt')
    print(filename)
    if not filename:
        return
    fn = open(filename,'w')
    fn.write(text.get(1.0,tk.END))   # 将内容写入到文件
    fn.close()
    root.title(u"%s - 记事本 " %filename.split("/")[-1])
```

4．退出，通过 root.destroy()，关闭窗口。

```
#4、退出
def fquit():
    global root
    if tk.messagebox.askquestion(' 提示 ', ' 是否保存文本？ ')=='yes':
        savefile()   # 保存并退出
        root.destroy()
    else:
        root.destroy()   # 直接退出
```

5．编辑菜单下的全选，tag_add()：为指定的文本添加 Tags 标签，实现选中的效果。

```
#5、全选
def select_all():
    text.tag_add(tk.SEL,1.0,tk.END)
    text.see(tk.INSERT)   # 滚动内容，确保光标位置可见
    text.focus()
```

6. 复制，get() 方法获取当前被选中的范围内的内容，使用 SEL_FIRST 到 SEL_LAST 来表示这个范围，然后把内容放入剪贴板。

```
#6、复制
def copy():
    textc = text.get(tk.SEL_FIRST, tk.SEL_LAST)
    text.clipboard_clear()
    text.clipboard_append(textc)
```

7. 粘贴，用 selection_get() 方法选择从剪贴板获取内容，然后插入到光标位置。

```
#7、粘贴
def paste():
    try:
        textp = text.selection_get(selection="CLIPBOARD")
        text.insert(tk.INSERT, textp)
        text.clipboard_clear()
    except tk.TclError:
        pass   # 不做任何事情
```

8. 关于记事本，弹出窗口，显示文字信息，可以自己定义内容。

```
#8、关于记事本
def about():
    tk.messagebox.showinfo(title=" 欢迎使用小白记事本 ", message=" 作者 : 小白 \n 版本 :1.0")
```

9. 版权信息，弹出窗口显示版权信息，可以自己定义内容。

```
#9、版权信息
def copyr():
    tk.messagebox.showinfo(title=" 欢迎使用小白记事本 ", message=" 共享版本 \n 欢迎提出修改建议 ")
```

所有的功能已经定义完成，接下来通过 command 属性将这些函数关联到对应的菜单上，例如：

```
fmenu.add_command(label=" 新建 ",accelerator='Ctrl + N',command=newf)
fmenu.add_command(label=" 打开 ",accelerator="Ctrl + O",command=openfile)
fmenu.add_command(label=" 保存 ",accelerator="Ctrl + S",command=savefile)
```

到此我们的记事本就基本完成了，完整的代码如下：

```
import tkinter as tk
import tkinter.filedialog
import tkinter.messagebox
# 定义的菜单功能函数
#1、新建文件
def newf():
```

```
    if tk.messagebox.askquestion(' 提示 ', ' 是否保存文本？ ')=='yes':
        savefile()  # 自己定义的保存文件方法
    else:
        text.delete(1.0,tk.END)  # 删除全部，1.0 表示第一行第 0 列，END 是结尾

# 2、打开文件
def openfile():
    if tk.messagebox.askquestion(' 提示 ', ' 是否保存文本？ ')=='yes':
        savefile()
    else:
        text.delete(1.0, tk.END)  # 删除全部
        filename = tk.filedialog .askopenfilename(title=' 打开文档 ',filetypes=[('
文本文档 ',"*.txt"),("py 文件 ","*.py")])
        print(filename)
        if not filename:
            return
        txt = open(filename).read()  # 读取内容
        text.insert("1.0",txt)  # 插入内容
        root.title("%s - 记事本 "%filename.split('/')[-1])
#3、保存文件
def savefile():
    filename= tk.filedialog .asksaveasfilename(title=' 另存为 ',initialfile=' 未命
名 .txt',filetypes=[(" 文本文档 ","*.txt")],defaultextension='.txt')
    print(filename)
    if not filename:
```

```
            return
        fn = open(filename,'w')
        fn.write(text.get(1.0,tk.END))  # 将内容写入到文件
        fn.close()
        root.title(u"%s - 记事本 " %filename.split("/")[-1])
#4、退出
def fquit():
        global root
        if tk.messagebox.askquestion(' 提示 ', ' 是否保存文本？ ')=='yes':
            savefile()  # 保存并退出
            root.destroy()
        else:
            root.destroy()  # 直接退出
#5、全选
def select_all():
        text.tag_add(tk.SEL,1.0,tk.END)
        text.see(tk.INSERT)  # 滚动内容，确保光标位置可见
        text.focus()
#6、复制
def copy():
        textc = text.get(tk.SEL_FIRST, tk.SEL_LAST)
        text.clipboard_clear()
        text.clipboard_append(textc)
#7、粘贴
def paste():
```

```
    try:
        textp = text.selection_get(selection="CLIPBOARD")
        text.insert(tk.INSERT, textp)
        text.clipboard_clear()
    except tk.TclError:
        pass   # 不做任何事情
#8、关于记事本
def about():
    tk.messagebox.showinfo(title=" 欢迎使用小白记事本 ", message=" 作者 :
小白 \n 版本 :1.0")
#9、版权信息
def copyr():
    tk.messagebox.showinfo(title=" 欢迎使用小白记事本 ", message=" 共享版
本 \n 欢迎提出修改建议 ")


root = tk.Tk()
# 设置名字
root.title(" 无标题 - 记事本 ")
# 窗口大小 (600x400) + 窗口的显示位置 (100,100)
root.geometry("600x400+100+100")

# 在大窗口下定义一个顶级菜单实例
menubar = tk.Menu(root)
# 文件菜单下创建子菜单
fmenu = tk.Menu(menubar)
fmenu.add_command(label=" 新建 ",accelerator='Ctrl + N',command=newf)
```

```
fmenu.add_command(label=" 打开 ",accelerator="Ctrl + O",command=openfile)
fmenu.add_command(label=" 保存 ",accelerator="Ctrl + S",command=savefile)
fmenu.add_separator()  # 分割线
fmenu.add_command(label=" 退出 ",command=fquit)
# 编辑菜单下的子菜单
vmenu = tk.Menu(menubar)
vmenu.add_command(label=" 全选 ",accelerator='Ctrl + A',command=select_all)
vmenu.add_command(label=" 复制 ",accelerator='Ctrl + C',command=copy)
vmenu.add_command(label=" 粘贴 ",accelerator="Ctrl + V",command=paste)
# 关于菜单下的子菜单
amenu = tk.Menu(menubar)
amenu.add_command(label=" 关于记事本 ",command=about)
amenu.add_command(label=" 版权信息 ",command=copyr)
# 为顶级菜单实例添加菜单，并关联到子菜单
menubar.add_cascade(label=' 文件 ',menu=fmenu)
menubar.add_cascade(label=' 编辑 ',menu=vmenu)
menubar.add_cascade(label=' 关于 ',menu=amenu)
# 菜单实例应用到大窗口中
root['menu']=menubar

# 编辑区，多行文本框
text = tk.Text()
# 放置在中心并全部填充
text.pack(expand=tk.YES,fill=tk.BOTH)

root.mainloop()
```

将程序打包为 exe 文件

姐姐我把我编写的程序发给了同学，但是他没有安装 Python，没法运行，我怎样才能把程序打包成可执行的 exe 文件呢？

那我教你使用 PyInstaller 将 Python 程序生成可直接运行的程序。Python 默认并不包含 PyInstaller 模块，因此需要自行安装 PyInstaller 模块。

➢ 第一步：安装 PyInstaller 模块（Python 其他模块安装方式相同）

同时按下 Win+R 键，输入 cmd，打开命令窗口，如图 17-11 所示。

确保电脑联网，然后在命令窗口输入安装指令：pip install pyinstaller，等待安装完成，如图 17-12 所示。

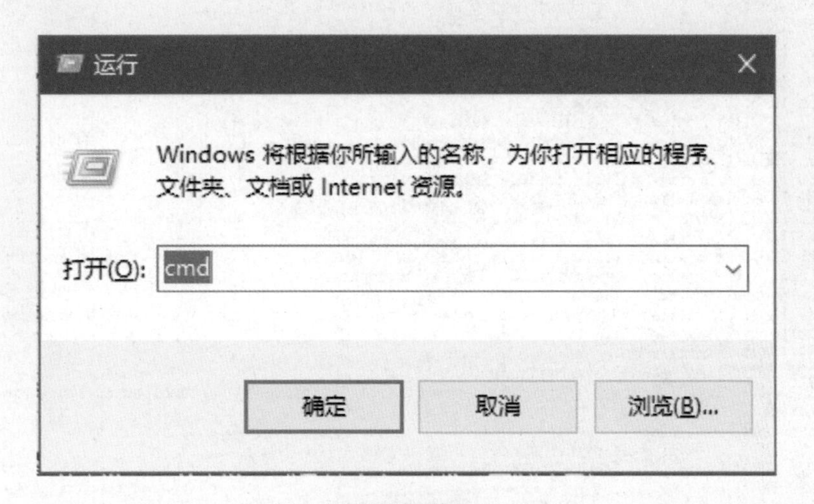

图 17-11

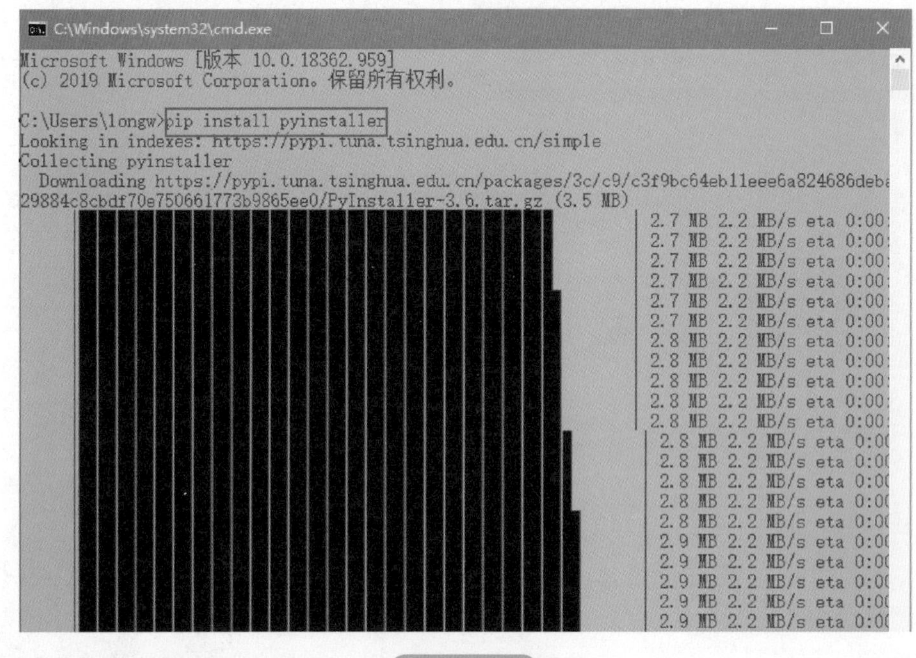

图 17-12

➢ 第二步：打包 exe

在命令窗口输入打包指令：pyinstaller -F *.py（*.py 是 Python 文件的绝对路径，如图 17-13 所示）耐心等待。

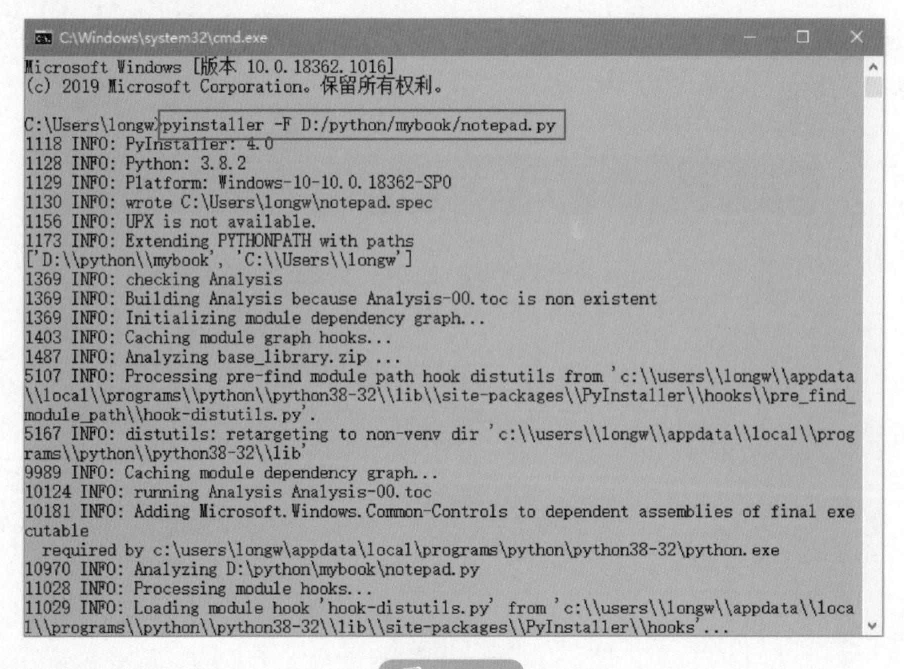

图 17-13

打包成功之后，会显示 exe 文件的位置，如图 17-14 所示。

```
C:\Windows\system32\cmd.exe
12841 INFO: Warnings written to C:\Users\longw\build\notepad\warn-notepad.txt
12895 INFO: Graph cross-reference written to C:\Users\longw\build\notepad\xref-notepad.ht
ml
13008 INFO: checking PYZ
13008 INFO: Building PYZ because PYZ-00.toc is non existent
13009 INFO: Building PYZ (ZlibArchive) C:\Users\longw\build\notepad\PYZ-00.pyz
13739 INFO: Building PYZ (ZlibArchive) C:\Users\longw\build\notepad\PYZ-00.pyz completed
successfully.
13753 INFO: checking PKG
13753 INFO: Building PKG because PKG-00.toc is non existent
13753 INFO: Building PKG (CArchive) PKG-00.pkg
17971 INFO: Building PKG (CArchive) PKG-00.pkg completed successfully.
18002 INFO: Bootloader c:\users\longw\appdata\local\programs\python\python38-32\lib\site-
packages\PyInstaller\bootloader\Windows-32bit\run.exe
18002 INFO: checking EXE
18004 INFO: Building EXE because EXE-00.toc is non existent
18004 INFO: Building EXE from EXE-00.toc
18046 INFO: Updating manifest in C:\Users\longw\build\notepad\run.exe.ih5vbj0i
18064 INFO: Updating resource type 24 name 1 language 0
18067 INFO: Appending archive to EXE C:\Users\longw\dist\notepad.exe
18075 INFO: Building EXE from EXE-00.toc completed successfully.

C:\Users\longw>
```

图 17-14

到对应的目录，找到 exe 文件，双击就可以运行了。图 17-15 所示是打包后的记事本程序。

图 17-15

挑战一下

一个简单的记事本已经做好了，请你尝试再增加一些其他功能（比如剪切），让你的记事本功能更加强大。

```
# 剪切
def cut():
    textc = text.get(tk.SEL_FIRST, tk.SEL_LAST)
    text.delete(tk.SEL_FIRST, tk.SEL_LAST)
    text.clipboard_clear()
    text.clipboard_append(textc)
```

第 18 章

Python 强大的扩展库

在 Scratch 中提供了很多扩展模块，比如画图、音乐、翻译，朗读等等，如图 18-1 所示。

图 18-1

Python 作为一种“胶水”语言，可以很方便地与其他语言相互调用。从诞生之日起，就提供了扩展接口，鼓励开发者通过编写“库”来扩展其功能，因此衍生出了数量庞大的第三方扩展库，这些“库”既可以是 Python 编写的，也可以是 C 语言编写的。我们可以很轻松地在 Python 中使用这些库，快速地实现功能，比如我们上一章中，仅仅使用一条命令就可以将 Python 文件打包成 exe。

升级更新 pip 版本

pip 是一个安装和管理 Python 包的工具(Python 3.4 以上版本自带，无须单独安装)，如果 pip 的版本太老，很多包都无法安装，因此需要更新 pip 到新的版本。

在命令窗口中输入指令：python -m pip install --upgrade pip

如图 18-2 所示，表示 pip 已成功更新到 20.2.2 版。

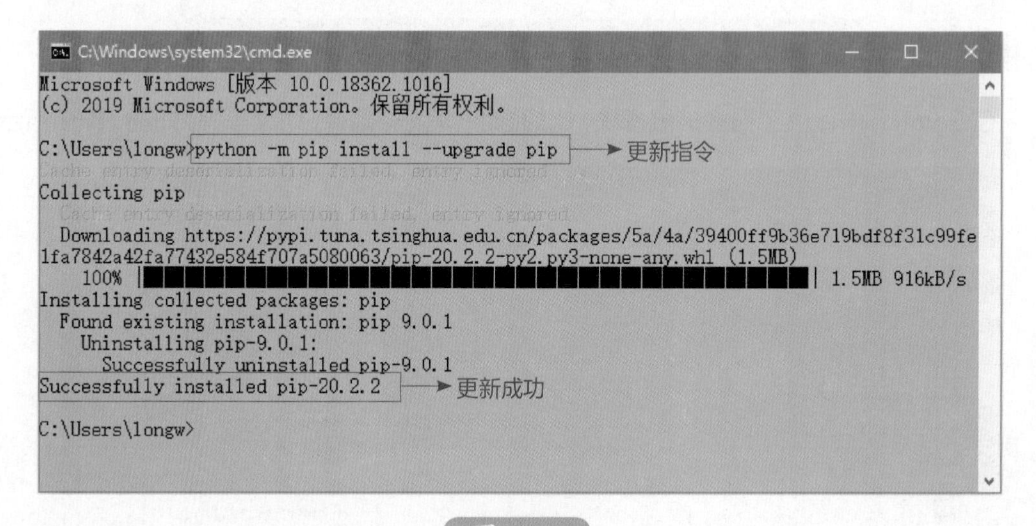

图 18-2

pip 命令安装扩展库

使用 pip 命令安装扩展库非常简单，只需要在命令行窗口输入：

pip install libname

libname 为库名

比如在上一章中我们已经使用过 pip 安装打包工具：pip install pyinstaller。

注意：pip 非常方便，但并不是所有的扩展库都能用 pip 来安装。当遇到安装环境不能上外网，或者只有源码压缩包的情况，建议大家自行上网搜索安装方法，充分利用网络学习资源。

Python 翻译朗读工具

利用 Scratch 的翻译和文字朗读扩展可以轻松地实现文字翻译，并将翻译的结果朗读出来，如图 18-3 所示，那么在 Python 中怎么实现呢？

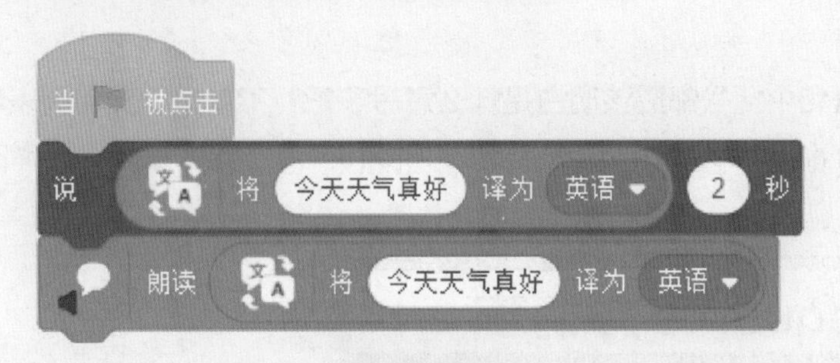

图 18-3

在 Python 中实现文字翻译，其思路与 Scratch 基本是一致的，都是去访问第三方的一个接口（可以理解为一个网址，比如谷歌翻译、百度翻译、有道翻译、必应翻译等等），然后将翻译的结果展示出来。

例如，选择有道翻译，我们不用关心中间翻译的过程，只需要将要翻译的文字发送给有道翻译的接口网址：

url="http://fanyi.youdao.com/translate"　# 有道翻译接口网址

需要传递给有道翻译接口的数据

```
data = {
    'doctype': 'json',   # 数据格式为 json
    'type': 'AUTO',   # 自动识别（英汉、汉英互译）
    'i': string   # 要翻译的文字内容，如："今天天气真好"
}
```

然后将数据发送给接口，并得到翻译结果

```
r = requests.get(self.url, params=data)   # 发送请求获取网页内容
result = r.json()
print(result)
```

打印返回的结果是下面这个样子的，包含了比较多的信息：

```
{'type':'ZH_CN2EN','errorCode':0, 'elapsed Time': 0, 'translateResult': [[{'src':
' 今天天气真好！ ', 'tgt': "It's a nice day today!"}]]}
>>>
```

这些大括号和中括号都应该明白是什么意思了吧？不就是字典和列表嘛，我们真正需要的就是 "tgt" 的值，result['translateResult'][0][0]["tgt"] 这才是最终翻译的结果。

使用 requests 库请求 url

requests 模块是 Python 中原生的基于网络请求的模块，其主要作用是用来模拟浏览器发起请求。功能强大，用法简洁高效，在爬虫领域中占据着半壁江山的地位。我们需要通过 pip install requests 进行安装，接下来我们开始编写代码：

```
import requests
class Trans:
    url="http://fanyi.youdao.com/translate"  # 有道翻译接口
    # 参数 string：需要翻译的文字
    def translate(self,string):
        try:
            # 需要传递给有道翻译接口的数据
            data = {
                'doctype': 'json',  # 数据格式为 json
                'type': 'AUTO',  # 自动识别（英汉、汉英互译）
                'i': string  # 要翻译的文字内容，如："今天天气真好"
            }
            # 将数据发送给接口，并得到翻译结果
            r = requests.get(self.url, params=data)  # 发送请求获取网页内容
            result = r.json()
```

```
        #print(result)
        return result['translateResult'][0][0]["tgt"]   # 返回翻译结果
    except:
        # 遇到非程序本身的错误，比如网络断开等
        return '翻译失败'
s=input("请输入要翻译的文字：")
t=Trans()
r=t.translate(s)
print(r)
```

中文翻译为英文：

```
请输入要翻译的文字：外面下雨了
It’s raining outside
>>>
```

英文翻译为中文：

```
请输入要翻译的文字：I like coding
我喜欢编程
>>>
```

程序中我们定义了一个翻译的类（Trans），运行程序，提示输入需要翻译的文字，然后调用实例的translate()方法，返回翻译的结果。由于请求网络数据可能会发生很多意外，比如网络断开，或者第三方的接口出现故障等，这些都会影响我们的翻译结果，因此通过异常处理，返回“翻译失败”避免程序中断。

实现文字朗读

Pyttsx是一个跨平台将文字转成语音的第三方库，支持在Mac OS X, Windows,

Linux 实现文字转语言。

首先还是通过 pip install pyttsx3 安装模块，然后 import pyttsx3，再在 Trans 类中定义一个函数 say()，完整的程序如下：

```
import requests
import pyttsx3
class Trans:
    url="http://fanyi.youdao.com/translate"   # 有道翻译接口
    # 参数 string：需要翻译的文字
    def translate(self,string):
        try:
            # 需要传递给有道翻译接口的数据
            data = {
                'doctype': 'json',  # 数据格式为 json
                'type': 'AUTO',  # 自动识别（英汉、汉英互译）
                'i': string   # 要翻译的文字内容，如："今天天气真好"
            }
            # 将数据发送给接口，并得到翻译结果
            r = requests.get(self.url, params=data)   # 发送请求获取网页内容
            result = r.json()
            #print(result)
            return result['translateResult'][0][0]["tgt"]   # 返回翻译结果
        except:
            # 遇到非程序本身的错误，比如网络断开等
            return '翻译失败'
```

```
    # 参数 string：需要朗读的文字
    def say(self,string):
        engine = pyttsx3.init()   # 返回了一个 Engine 对象
        engine.say(string)   # 朗读文字
        engine.runAndWait()


s=input(" 请输入要翻译的文字：")
t=Trans()
r=t.translate(s)
print(r)
t.say(s)   # 朗读要翻译的内容
t.say(r)   # 朗读翻译的结果
```

挑战一下

尝试利用 Tkinter 将这个翻译朗读程序做成一个 GUI 界面程序，界面可以自己设计，图 18-4 所示仅供参考。

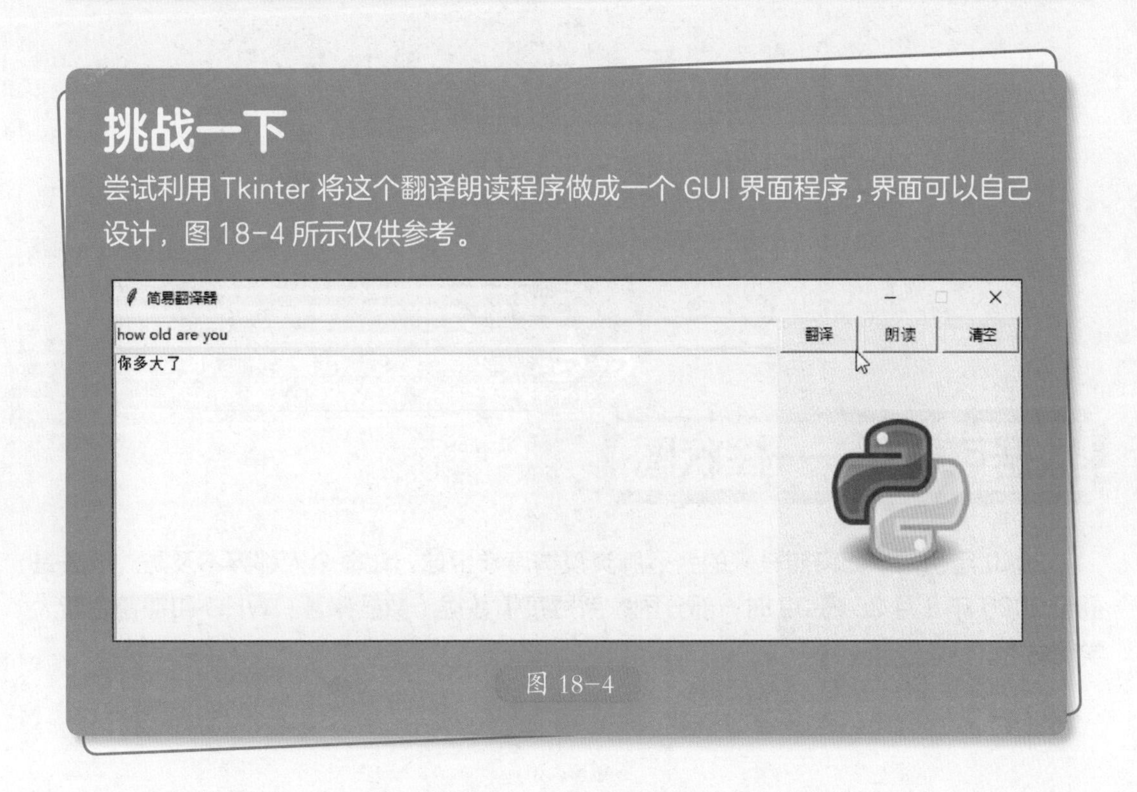

图 18-4

requests 模块在爬虫领域中占据着半壁江山的地位，什么是爬虫？

爬虫是一个程序，这个程序的目的就是为了抓取互联网上的信息资源，比如你日常使用的百度等搜索引擎，搜索结果就全都依赖爬虫来定时获取的。

我们刚编写的翻译程序也算是一个爬虫吗？

嗯~算是吧。利用爬虫我们可以从网络获取有用的数据，对这些数据进行分析处理也是 Python 的一个强项哦。

数据可视化——柱状图

2020 年初，一场突如其来的新冠肺炎疫情席卷全球，让每个人都猝不及防。下表是截至 2020 年 8 月 25 日 09 时，部分国家新冠疫情数据（数据来源：WHO 和霍普金斯大学网站）。

地区	新增确诊	累计确诊	治愈
美国	39083	5913229	3207612
巴西	17078	3622861	2976256
印度	61408	3106348	2338035
俄罗斯	4688	959016	771357
南非	1677	611450	516494

这些数字看起来并不直观，下面我们就用 Python 编写程序将这些数据以精美的图表方式展示出来，如图 18-5 所示。

Echarts 是一个由百度开源的数据可视化工具，凭借着良好的交互性，精巧的图表设计，得到了众多开发者的认可。而 Python 是一门富有表达力的语言，很适合用于数据处理。当数据分析遇上数据可视化时，pyecharts 诞生了。

➢ pip 安装 pyecharts

pip3 install pyecharts

➢ 绘制你的第一个图表

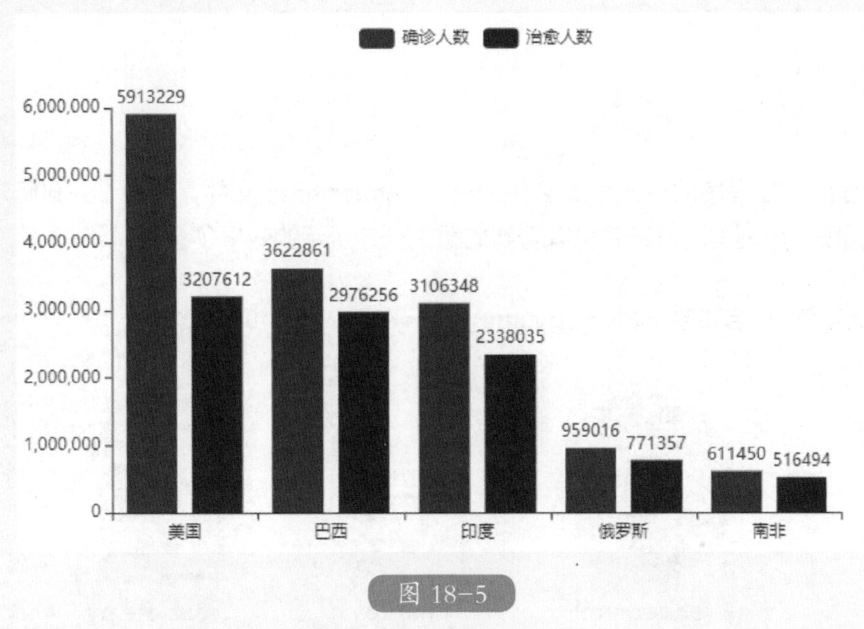

图 18-5

如图 18-5 所示，将国家作为横轴（x 轴）数据，竖轴（y 轴）数据有确诊人数和治愈人数，先通过 Bar 实例的 add 方法将数据添加到柱状图中，再用 render() 方法生成图表文件，默认会在当前目录生成 render.html 文件，使用浏览器打开就可以看到一个动态的图表。

```
# 导入柱状图 -Bar
from pyecharts.charts import Bar
# 设置行名
columns = [" 美国 "," 巴西 "," 印度 "," 俄罗斯 "," 南非 "]
# 确诊人数
data1 = [5913229,3622861,3106348,959016,611450]
# 治愈人数
data2 = [3207612,2976256,2338035,771357,516494]
# 实例化一个对象
bar = Bar()
# 添加柱状图 x 轴数据
bar.add_xaxis(columns)
# 添加柱状图 y 轴数据
bar.add_yaxis(" 确诊人数 ",data1)
bar.add_yaxis(" 治愈人数 ",data2)
# render 会生成本地 HTML 文件，默认会在当前目录生成 render.html 文件
# 也可以传入路径参数，如 bar.render("mycharts.html")
bar.render()
```

运行程序，在程序的目录里就会生成一个 render.html 文件，如图 18-6 所示，这就是生成的图表，用浏览器打开就可以看到如图 18-5 所示的效果了。

› 此电脑 › 新加卷 (D:) › python › mybook › 18

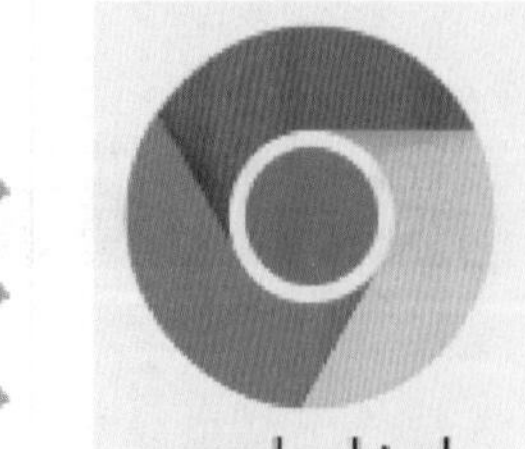

图 18-6

数据可视化——折线图

如果要将上面的数据生成折线图，很简单，只要实例化一个 Line 对象，采用相同的方法即可：

```
# 导入折线图 -Line
from pyecharts.charts import Line
# 设置行名
columns = [" 美国 "," 巴西 "," 印度 "," 俄罗斯 "," 南非 "]
# 确诊人数
data1 = [5913229,3622861,3106348,959016,611450]
# 治愈人数
data2 = [3207612,2976256,2338035,771357,516494]
# 实例化一个对象
line = Line()
# 添加柱状图 x 轴数据
line.add_xaxis(columns)
# 添加柱状图 y 轴数据
line.add_yaxis(" 确诊人数 ",data1)
line.add_yaxis(" 治愈人数 ",data2)
# render 会生成本地 HTML 文件，默认会在当前目录生成 render.html 文件
# 也可以传入路径参数，如 bar.render("mycharts.html")
line.render('line.html')
```

运行程序，在程序目录下打开 line.html，看到效果如图 18-7 所示。

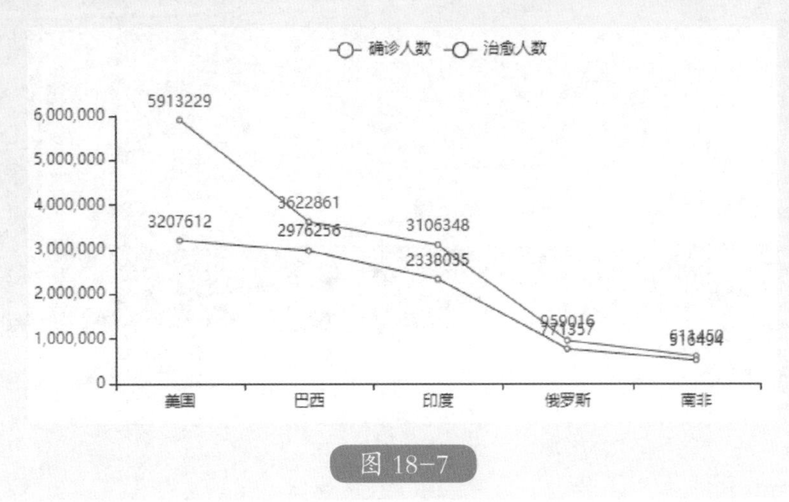

图 18-7

如果你运行程序时遇到和我一样的提示：

```
 super().__init__(init_opts=init_opts)
PendingDeprecationWarning: pyecharts 所有图表类型将在 v1.9.0 版本开始强制使用 ChartItem 进行数据项配置 :)
>>>
```

不要担心，这是 pyecharts 下个版本的更新预警，本书编写时官方文档（https://pyecharts.org/）还没有新版本说明，这个不算错误，忽略就行。

挑战一下

以下是某位同学本学期期中考试的成绩：语文，98；数学，96；英语，85；地理，90；生物，88。尝试查看官方网站（https://pyecharts.org/）基本图表中的雷达图说明文档，编写程序生成一个雷达数据图，效果如图 18-8 所示。

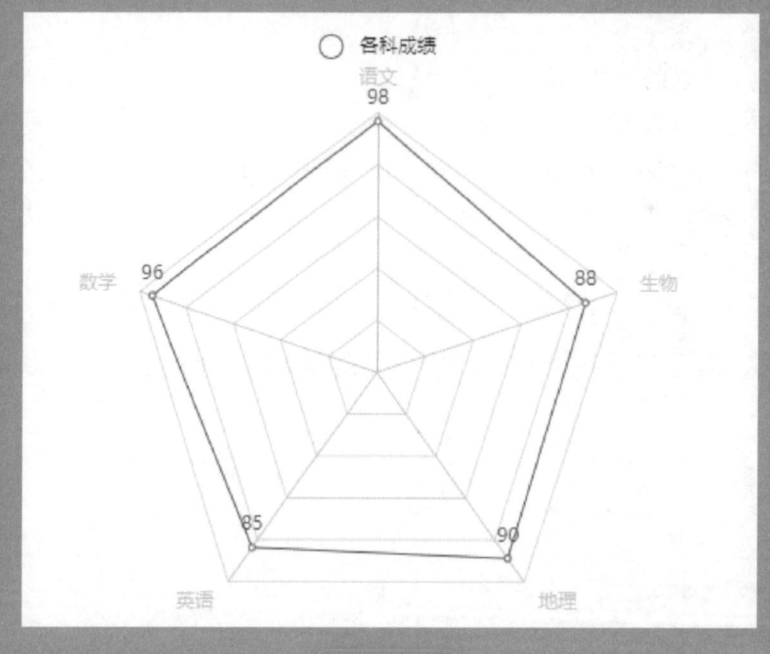

图 18-8

雷达图参考答案

```
# 导入雷达图 -Radar
from pyecharts.charts import Radar
import pyecharts.options as opts
radar = Radar()
# 各科成绩
radar_data1 = [[98, 96, 85, 90, 88]]
# 设置各科标签及成绩的最大值（满分）
schema = [
    opts.RadarIndicatorItem(name=" 语文 ", max_=100),
    opts.RadarIndicatorItem(name=" 数学 ", max_=100),
    opts.RadarIndicatorItem(name=" 英语 ", max_=100),
    opts.RadarIndicatorItem(name=" 地理 ", max_=100),
    opts.RadarIndicatorItem(name=" 生物 ", max_=100),
]
# 传入数据
radar.add_schema(schema)
radar.add(" 各科成绩 ",radar_data1)
radar.render('radar.html')
```

使用 Python 将数据可视化，这只是普通数据处理中的一个功能之一，接下来我们再来看一个与数据相关的题目。

计算机二级真题——卖火柴的小女孩

《卖火柴的小女孩》是丹麦童话故事作家安徒生的一篇童话故事，发表于 1846 年。主要讲了一个卖火柴的小女孩在富人阖家欢乐、举杯共庆的大年夜冻死在街头的故事。这里给出《卖火柴的小女孩》的文本文件“小女孩 .txt”，可以从本书对应资源文件中找到。

题目要求：对“小女孩 .txt”文件进行词语频次统计，输出频次最高的 10 个中文词语（单个字符不统计）及其出现次数，将输出结果保存在文件夹下，命名为 “小女孩 _tj.txt”。词语与次数之间采用英文冒号“:”分隔，示例格式如下：

火柴 :20

小女孩 :12

……

奶奶 :7

时候 :5

这个题目主要考察了以下几个知识点：

1. 读取文件；

2. 将中文句子拆分成一个一个的词语；

3. 对词语出现的次数进行统计；

4. 根据词语出现的次数进行从大到小排序；

5. 写文件操作。

jieba中文分词库

➢ pip 安装 jieba

pip install jieba

由于中文句子不像英文那样天然自带分隔，并且存在各种各样的词组，如何将中文的一段文字拆分成一个一个的词语呢？

jieba 是一个 Python 实现的中文分词组件，在中文分词界非常出名，支持简、繁体中文，高级用户还可以加入自定义词典以提高分词的准确率。

它支持三种分词模式 (string 是要进行分词的字符串)

●精确模式：试图将句子最精确地切开，适合文本分析。

```
jieba.cut(string, cut_all=False)   # 使用 cut 方法时默认为精确模式，cut_all 参数默认为 False
```

●全模式：把句子中所有的可以成词的词语都扫描出来，速度非常快，但是不能解决歧义。

```
jieba.cut(string, cut_all=True)
```

●搜索引擎模式：在精确模式的基础上，对长词再次切分，提高召回率，适合用于搜索引擎分词。

```
jieba.cut_for_search(string)
```

➢ 统计每个词语出现的次数

通过键值对的形式存储词语及其出现的次数，这是字典的一个典型应用。将词语作为键，出现的次数作为值，统计的时候从字典里读取该词对应的值，然后加 1 并修改这个键的值。如果指定的键不存在时，返回默认值 0。

➢ 对统计结果排序

我们前面已经学习了如何对一组数进行排序，那么如何对字典中的键值对进行排序呢？首先还是要将字典转换为列表，转换后的结果如下所示：

[(' 极了 ', 2), (' 下着雪 ', 1), (' 这是 ', 4), (' 一年 ', 1), …… ,(' 一同 ', 1), (' 快乐 ', 1)]

转换后，列表中每个元素都是一个元组，我们利用 sort(key=lambda x:x[1],reverse=True) 函数，将列表按照元组中的第二个元素进行降序排列。

那这个 key=lambda x: x[1] 是什么意思呢，lambda 是一个隐函数，是固定写法，不能写成别的单词，在这里可以不用管它，记得有这个就可以。x 表示列表中的一个元素，在这里，表示一个元组，x 只是临时起的一个名字，你可以使用任意的名字，x[0] 表示元组里的第一个元素，当然第二个元素就是 x[1]。所以这句代码的意思就是按照元组中第二个元素（即 value）的值进行排序。

reverse：排序规则，reverse = True 降序， reverse = False 升序（默认）。

参考答案

```
import  jieba
# 打开文件，读取文本
fi = open(" 小女孩 .txt","r")
fo = open(" 小女孩 _tj.txt","w")
txt = fi.read()
d = {}
words = jieba.cut(txt)   # 使用精确模式对文本进行分词
for word in words:
    if len(word) == 1:   # 忽略单个字符
        continue
    else:
        # 统计出现次数，指定的键不存在时，返回默认值 0
        d[word] = d.get(word,0)+1
# 将字典转换为二维列表
ls = list(d.items())
#print(ls)
# 根据 value 值进行排序
ls.sort(key=lambda x:x[1],reverse=True)
# 将出现频次最高得 10 个词写入文件
for i in range(10):
    word, count = ls[i]
    fo.write("{}:{}\r\n".format(word,count))
# 关闭文件
fo.close()
fi.close()
```

这几个程序是不是很酷，很实用。

Python 这么强大，能制作游戏吗？

当然是可以的，Python 专门为游戏开发提供了一个平台——Pygame。

关于Pygame

Pygame（如图 18-9 所示）旨在简化使用 Python 编写多媒体软件（例如游戏），它是一个利用 SDL 库的写的 Python 库，SDL 全名 Simple DirectMedia Layer，是一位叫作 Sam Lantinga 的大咖写的，SDL 是用于控制多媒体的跨平台 C 语言库，已被用于数百种商业和开源游戏开发中。

图 18-9

Pygame 更致力于 2D 游戏的开发，也就是说，你可以用 Pygame 编写植物大战僵尸游戏，但是要做一个 3D 的《我的世界》却比较困难。Pygame 附带了许多教程和介绍，在其官网（https://www.pygame.org/docs/）有完整的参考文档，对于想快速开发小型游戏的用户来说，是一个很不错的选择，简单易学、容易上手。

Pygame安装与示例

正常情况下我们通过 pip install pygame 就可以安装了，如果出现了其他错误和意外，可以根据错误信息去网上搜索解决办法。

Pygame 安装时附带了许多示例，示例目录：Python 根目录 \Lib\site-packages\pygame\examples，如图 18-10 所示。

名称	修改日期	类型	大小
__pycache__	2020/8/24 17:21	文件夹	
data	2020/8/24 17:21	文件夹	
macosx	2020/8/24 17:21	文件夹	
__init__.py	2020/8/24 17:21	Python File	0 KB
aacircle.py	2020/8/24 17:21	Python File	1 KB
aliens.py	2020/8/24 17:21	Python File	11 KB
arraydemo.py	2020/8/24 17:21	Python File	4 KB
audiocapture.py	2020/8/24 17:21	Python File	2 KB
blend_fill.py	2020/8/24 17:21	Python File	4 KB
blit_blends.py	2020/8/24 17:21	Python File	6 KB
camera.py	2020/8/24 17:21	Python File	3 KB
chimp.py	2020/8/24 17:21	Python File	7 KB
cursors.py	2020/8/24 17:21	Python File	4 KB
dropevent.py	2020/8/24 17:21	Python File	3 KB
eventlist.py	2020/8/24 17:21	Python File	4 KB
fastevents.py	2020/8/24 17:21	Python File	3 KB
fonty.py	2020/8/24 17:21	Python File	3 KB
freetype_misc.py	2020/8/24 17:21	Python File	4 KB
glcube.py	2020/8/24 17:21	Python File	4 KB

图 18-10

可以在命令窗口中输入以下命令运行示例，如图 18-11 所示。

python -m pygame.examples.aliens

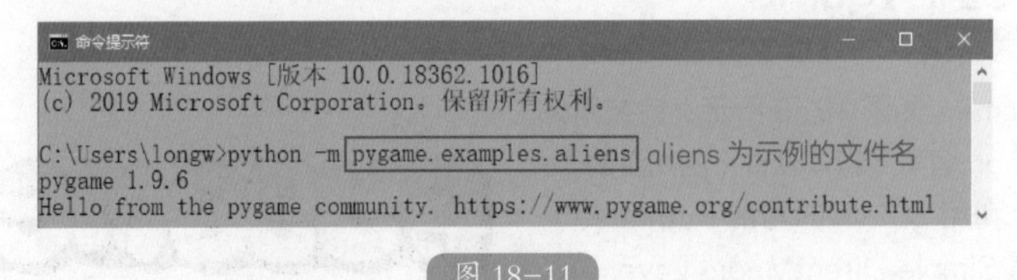

图 18-11

图 18-12 就是游戏的运行效果，你可以试一试。

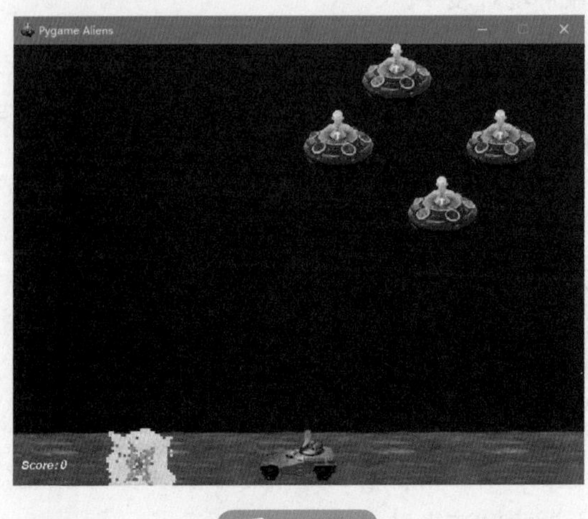

图 18-12

我们先直接看一个代码示例，以便后续操作。

简单的弹球动画

先看一个示例，这是一个非常简单的动画，通过这个简单的例子，让我们对 Pygame 的使用有一个初步的认识，便于后期进一步学习操作。

```
# 导入 pygame 库
import pygame
# 导入 sys 模块，exit 函数用来退出程序
import sys
# 初始化 pygame
pygame.init()
# 创建了一个窗口，设置宽 600 高 400
screen = pygame.display.set_mode((600, 400))
# 设置窗口标题
pygame.display.set_caption(" 弹球 ")
# 加载图像，作为一个角色
ball = pygame.image.load("basketball.png")
ballrect = ball.get_rect()
# 设置球移动速度
speed = [1, 1]
while 1:
    for event in pygame.event.get():
        if event.type == pygame.QUIT: sys.exit()
    ballrect = ballrect.move(speed)
```

```
# 超出窗口左右边界，x 速度反向
if ballrect.left < 0 or ballrect.right > 600:
    speed[0] = -speed[0]
# 超出窗口上下边界，y 速度反向
if ballrect.top < 0 or ballrect.bottom > 400:
    speed[1] = -speed[1]
screen.fill([170,238,187])
screen.blit(ball, ballrect)
pygame.display.flip()
```

首先，我们看到的是导入和初始化 pygame，然后调用 pygame.display.set_mode() 建了一个图形窗口，并设置了标题。

接下来就像 Scratch 那样，要添加一个角色，然后控制角色移动，如果碰到边缘就开始反弹。

与 Scratch 不同的是，Pygame 中的坐标原点在窗口的左上角，X 轴水平向右，逐渐增加；y 轴垂直向下，逐渐增加，如图 18-13 所示，也就是说如果将角色 y 坐标增加，就会向下移动，这是跟 Scratch 相反的。

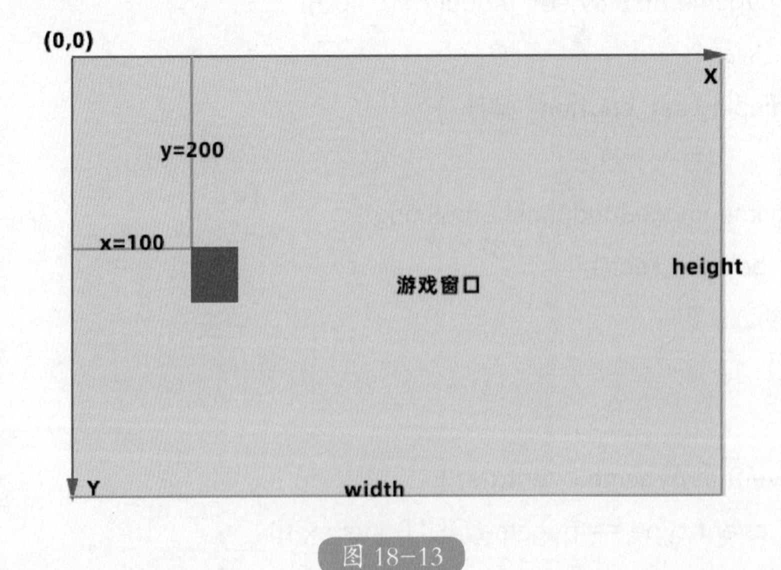

图 18-13

Pygame 通过 pygame.image.load() 函数加载图像，图片持多种图像格式，包括 BMP，JPG，PNG，TGA 和 GIF。

加载图像后，我们创建一个名为 Ballrect 的变量得到一个 Rect 对象，Pygame 通过 Rect 对象存储和操作矩形区域。稍后，在代码的动画部分，我们将看到 Rect 对象可以做什么。

speed = [1, 1]，这个变量表示球的速度，你可能会有疑问，为什么速度不是一个数？[1,1] 这两个值分别表示在 x 轴和 y 轴上的增量。比如球初始位置为 (0，0)，按照这个速度移动一次后位置就变为了 (1,1), 就是 x 坐标加 1，y 坐标加 1。因此这不仅仅是一个速度，它还确定了球移动的方向。

准备工作都已就绪，下面就开始在无限循环内检查用户输入，移动球，然后绘制球。

我们检查是否发生了 QUIT 事件。如果是，我们就退出程序。否则通过 ballrect.move(speed) 方法更新球的位置。如果球已移到屏幕外，也就是碰到边缘，那么就反弹，也就是将速度反向。

球的位置发生了变化，我们就需要通过 screen.fill() 方法设置一种 RGB 颜色填充屏幕来擦除屏幕。这似乎很奇怪，你可能会问：“为什么我们需要擦除屏幕，而不是在屏幕上移动球呢？”那并不是计算机动画工作的方式。人的眼睛看到一张图像或一个物体后，在 0.34 秒内不会消失。利用这一原理，在一张图像还没有消失前播放下一张，就会给人造成一种流畅的动画效果。如果我们不花时间从屏幕上擦除球，那么当我们不断将球移动到新位置时，我们实际上会看到球的运动轨迹。

擦除之后然后再用 screen.blit() 方法绘制图像，最后一件事是更新显示，它让屏幕上绘制的所有内容均可见，如图 18-14 所示。

图 18-14

到此这个简单的动画就介绍完了，接下来，我们开始动手实战吧。

华容道拼图游戏

数字华容道也叫十五滑块，最强大脑时间淘汰赛选题之一，是将数字 1~15 打乱摆放，在右下角会有一个空格作为移动空隙，通过移动滑块，将这些数字按顺序还原，如图 18-15 所示。

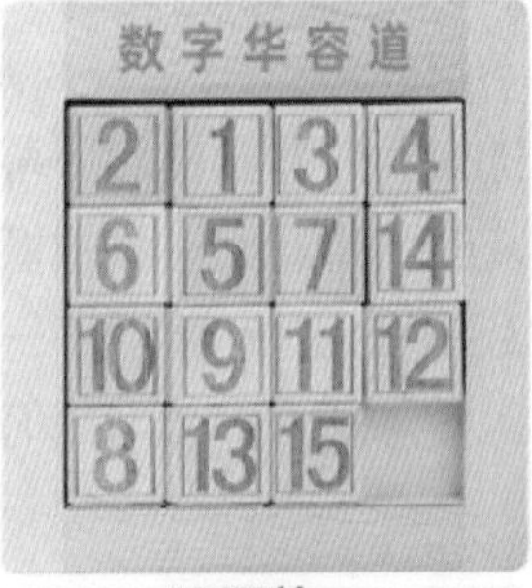

还原前

还原后

图 18-15

我们接下来要做的滑块拼图，原理与数字华容道是一样的，只不过是将数字换成了图片，如图 18-16（图片素材可以从本书对应的资源文件里找到）所示。面对这样一个比较复杂的游戏，我们首先要将复杂的问题进行拆解，然后各个击破，这样复杂的问题也就迎刃而解了。

图 18-16

问题分解

问题一：加载 15 张图片，如何让它们有序地在窗口中显示?

分析：素材中的图片按照顺序从 1 到 15 进行编号，然后加载到窗口中。要让加载的 15 张图在一个 4x4 的格子里有序地排列，那就要确定每张图的位置，也就是坐标。

假设我们的游戏窗口是（600，600），如图 18-17 所示，4 等分就是 600/4=150。从图中可以观察到坐标的变化规律：同一行 y 坐标不变，x 坐标增加 150，每 4 张图进行换行，换行后 y 坐标增加 150，x 坐标变为 0，后面我们编写程序时会利用这个规律设置每个图像的坐标。

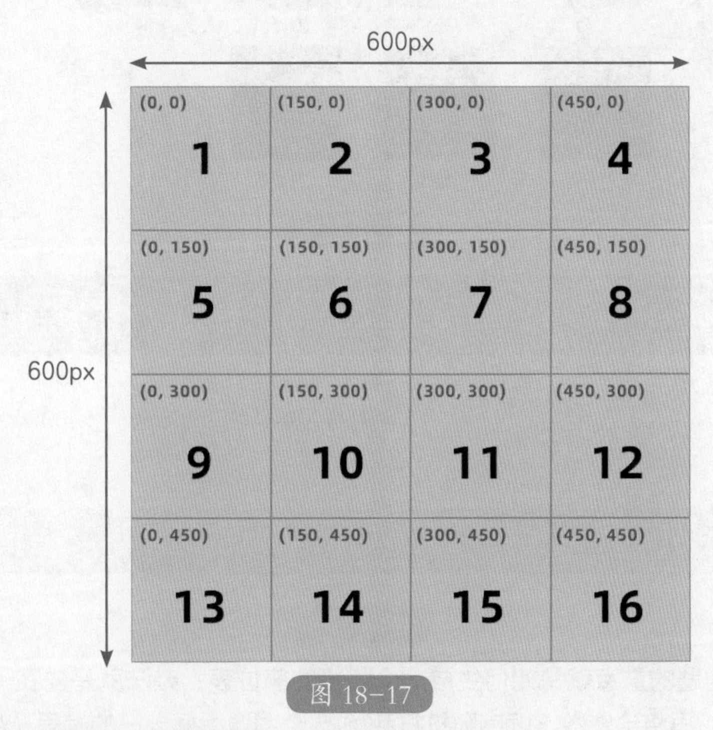

图 18-17

问题二：如何实现图片打乱效果?

如果将这些图像按照图 18-17 对应的位置依次摆放，就是一张复原后的效果，如图 18-18 所示。

在游戏开始时需要将其打乱，怎么办？其实很简单，就像坐火车、看电影，每个人都有自己的座位号，对号入座就可以了。如果将图 18-17 中的 16 个格子当作 16 个座位，我们再为每个座位指定一个图像，这样就有了一个座位表，如图 18-19 所示。

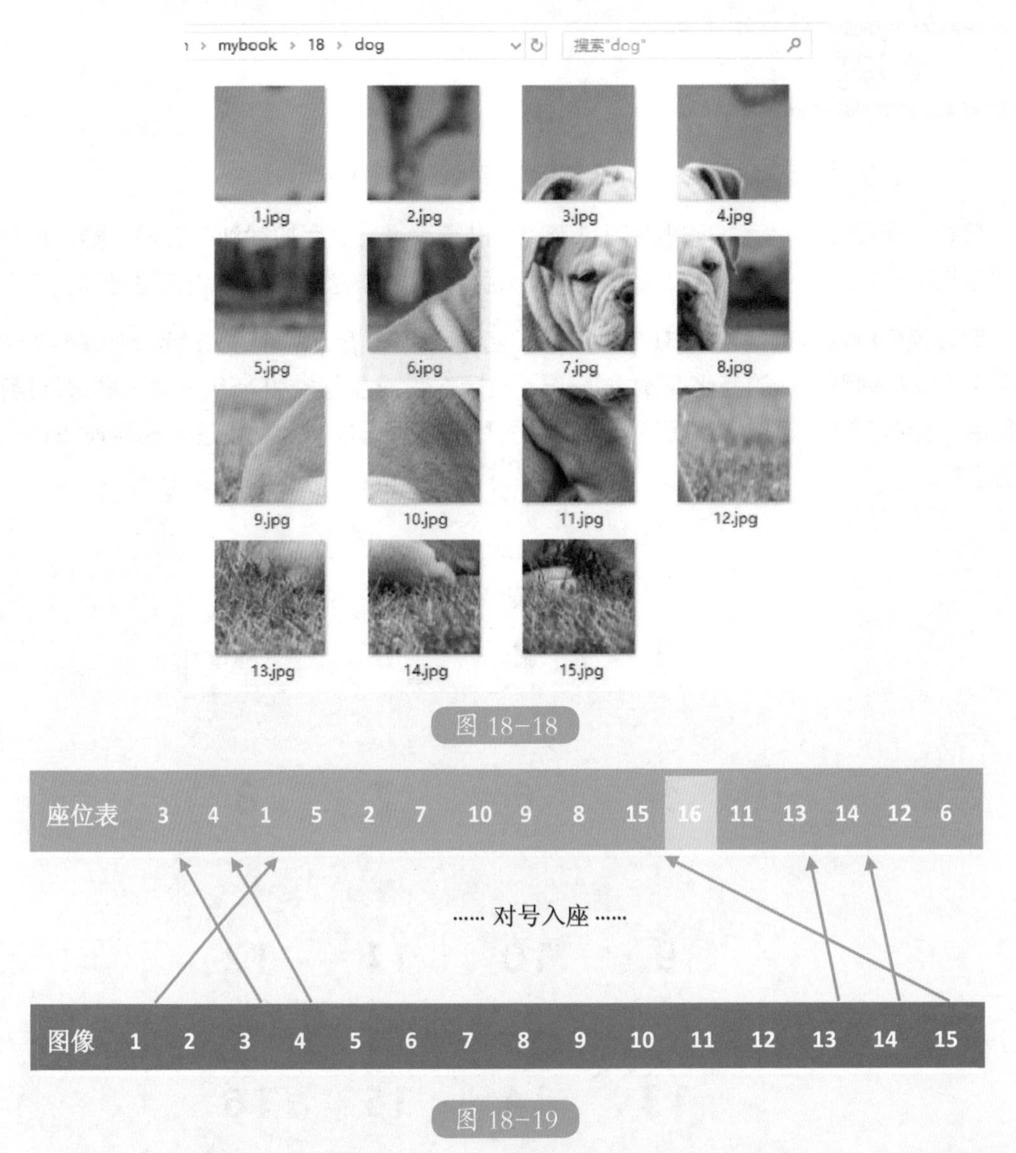

图 18-18

图 18-19

因此这个问题的重点就是如何生成一个随机的座位表，办法就是先在一个列表里存放 1~16 这些数字，再将这些数字顺序随机打乱，15 个图像根据自己的编号，对号入座即可。16 是一个空座，代表拼图中的那个空位，然后根据这个座位表，重新设置每个图像的坐标，图像的位置就跟着改变了。

问题三：如何实现图像的移动？

当游戏开始后，单击一张图片，如果这张图片旁边有空位，那么它就可以移动。那问题又来了，怎么知道它旁边有空位呢？

从图 18-20 中我们可以看到第 7 个座位是空位，第 3、6、8、11 这四个位置上的图片可以移动。再来看一下图 18-20 对应的座位表，其中第 7 个座位上的数是 16，没有图像代表空位，橙色代表的是可以移动的四张图，结合图表我们来分析：

图 18-20

座位表	12	6	11	7	10	3	16	8	5	14	2	13	4	9	1	15
座位号	1	2	3	4	5	6	7	8	9	10	11	12	13	14	15	16

● 左右相邻的情况

如果图像的右侧有空位，那么这个图像座位号加 1 位置上的值就是 16（6+1=7，7 号座位上是 16）。

如果图像左侧有空位，那么这个图像座位号减 1 位置上的值就是 16（8-1=7，7 号座位上是 16）。

● 上下相邻的情况

如果图像下方是空位，那么这个图像座位号加 4 位置上的值就是 16（3+4=7，7 号座位上是 16）。

如果图像上方是空位，那么这个图像座位号减 4 位置上的值就是 16（11-4=7，7 号座位上是 16）。

● 似乎问题已经解决了，然而我们忽略了几种特殊的情况

图 18-21

如图 18-21（左），虽然 8 号座位后面一个是空座，但是 9 号并不在 8 号座位的右边，所以 8 号并不能移动，也就是说最右侧的图像不能再向右移动。同理最左侧的图像不能向左移动，如图 18-21（右），9 号位置的图像不能移动。

判断方法：座位号除以 4 取余数，如果余数是 0 就是最右侧的座位；如果余数是 1 那就是最左侧的座位。

当确定被单击的图片与空座相邻，那么就可以在座位表中将它们的位置进行互换，只要再次根据座位表重新调整一次座位，就实现了图像的移动。

问题四：如何判断游戏结束（图像复原）？

图像复原就说明座位表已经被按顺序排好了，只要检查座位表是否等于 [1, 2, 3, 4, 5, 6, 7, 8, 9, 10, 11, 12, 13, 14, 15, 16] 即可。

开始编写程序

第一步：导入相关模块

```
import pygame
import os
import random
from tkinter import *
from tkinter import messagebox
```

第二步：定义一个精灵类

在 pygame.sprite 模块里面包含了一个名为 Sprite 的类，“sprite”，中文翻译“精灵”，即在屏幕上显示的一个个角色，我们称为精灵类。该类用作所有游戏对象的基类，便于帮助管理游戏对象。我们新建一个类 MyRect 继承 Sprite 类，由于我们需要记录每张图像的编号和对应的坐标，所以在 sprite 类的基础上，增加了坐标和编号属性。

```
# 定义一个 Sprite 子类
class MyRect(pygame.sprite.Sprite):
    # 传入图像、坐标、图像编号
    def __init__(self,image,init_pos,index):
        pygame.sprite.Sprite.__init__(self)
        self.image = image
        self.rect = self.image.get_rect()
        self.rect.topleft = init_pos
        self.index=index
```

第三步：初始化

```
# 初始化
pygame.init()
screen = pygame.display.set_mode((600,600))
pygame.display.set_caption(' 拼图游戏 ')   # 设置标题
# 颜色
color_white = pygame.color.Color('white')
```

第四步：创建精灵组，添加精灵

当程序中有大量角色的时候，操作这些角色将会是一件相当麻烦的事，那么有没有什么容器可以将这些精灵放在一起统一管理呢?

答案就是精灵组，使用 pygame.sprite.Group() 函数可以创建一个精灵组，使用精灵组来管理精灵的绘制和更新。

```
# 精灵组
rectlist = pygame.sprite.Group()
x = 0
y = 0
poslist = []  # 定义一个坐标列表
for a in range(1,16):
    image=pygame.image.load(f"./dog/{a}.jpg").convert_alpha()
    image=pygame.transform.scale(image,(150,150))  # 缩放图片
    # 初始化一个对象实例，设置坐标和编号
    myrect = MyRect(image,(x,y),a)
    # 将对象加入精灵组
    rectlist.add(myrect)
    # 存储每个位置的对应坐标
    poslist.append((x,y))
    # 每 4 幅图换行，x 坐标回到 0，y 增加 150
    if a%4==0:
        x = 0
        y+=150
    else:
        # 同一行，y 坐标不变，x 增加 150
        x+=150
# 追加最后一个空位置的坐标
poslist.append((x,y))
```

第五步：打乱图像

```
# 生成随机座位表，打乱图像位置
nums = list(range(1,17))   # 按顺序排的座位表
# 座位表打乱
random.shuffle(nums)
```

第六步：主循环

```
# 游戏运行，主循环
while True:
```

这是一个无限循环，所有游戏都以某种循环运行。通常的操作顺序是检查计算机和用户输入， 移动和更新所有对象，然后将它们绘制到屏幕上。

第七步：对号入座

因为每次滑动图像座位表都会发生变化，所以在主循环中需要根据座位表更新图像的位置，绘制并刷新窗口。

```
# 根据 nums 座位表对号入座
for a in range(0,len(nums)):
    for b in rectlist:
        # 根据图像编号找到对应的座位
        if b.index == nums[a]:
            b.rect.topleft = poslist[a]
#------------------------------------------------------
screen.fill(color_white) # 将窗口背景填充为白色
rectlist.draw(screen)
pygame.display.update()   # 刷新窗口
```

第八步：判断游戏结束

如果图像被复原，利用 Tkinter 模块弹出一个对话框，进行提示。

```
# 判断游戏结束
if nums == list(range(1,17)) :
    Tk().wm_withdraw()   # 隐藏 Tk 主窗口
    messagebox.showinfo('success',' 恭喜你 !')
    break
```

第九步：处理所有的输入事件

我们从 pygame 获取所有可用的事件，并遍历每个事件。首先判断用户是否退出了程序，接着处理鼠标单击事件，获取鼠标单击时的坐标，根据坐标找到鼠标单击的是哪一个对象，再根据座位表找到它所在的位置，判断它是否与空位相邻，如果是的话，与空位交换位置，实现图像的滑动。

```
# 事件响应，滑动图片
for event in pygame.event.get():
    if event.type == pygame.QUIT:
        pygame.quit()
        os._exit(1)
        break
    elif event.type ==pygame.MOUSEBUTTONDOWN:
        mouse_pos = pygame.mouse.get_pos()   # 鼠标单击位置坐标
        for b in rectlist:
            # 检测一个点是否包含在该 Rect 对象内
            if b.rect.collidepoint(mouse_pos):
                # 单击的图片在 nums 中的索引值，找座位
                r = nums.index(b.index)
                # 右边是空位，r+1<16 防止数组越界
```

```
    if r+1<16 and nums[r+1]==16 and (r+1)%4!=0:
        nums[r],nums[r+1] = nums[r+1],nums[r]
    # 左边是空位，r-1>=0 防止数组越界
    elif r-1>=0 and nums[r-1] ==16 and (r+1)%4!=1:
        nums[r],nums[r-1] = nums[r-1],nums[r]
    # 下方是空位
    elif r+4<16 and nums[r+4]==16:
        nums[r],nums[r+4] = nums[r+4], nums[r]
    # 上方是空位
    elif r-4>=0 and nums[r-4] ==16:
        nums[r],nums[r-4] = nums[r-4], nums[r]
```

到此，我们的程序就编写完了，试着运行一下自己编写的第一个游戏吧。如果程序有误，建议先自行检查错误，修改 bug，如果还没解决，可以参考完整的程序代码。

完整的代码程序

```
import pygame
import os
import random
from tkinter import *
from tkinter import messagebox
# 定义一个 Sprite 子类
class MyRect(pygame.sprite.Sprite):
    # 传入图像、坐标、图像编号
    def __init__(self,image,init_pos,index):
        pygame.sprite.Sprite.__init__(self)
        self.image = image
```

```
        self.rect = self.image.get_rect()
        self.rect.topleft = init_pos
        self.index=index

# 初始化
pygame.init()
screen = pygame.display.set_mode((600,600))
pygame.display.set_caption(' 拼图游戏 ')  # 设置标题
# 颜色
color_white = pygame.color.Color('white')
# 精灵组
rectlist = pygame.sprite.Group()
x = 0
y = 0
poslist = []  # 定义一个坐标列表
for a in range(1,16):
    image=pygame.image.load(f"./dog/{a}.jpg").convert_alpha()
    image=pygame.transform.scale(image,(150,150))  # 缩放图片
    # 初始化一个对象实例，设置坐标和编号
    myrect = MyRect(image,(x,y),a)
    # 将对象加入精灵组
    rectlist.add(myrect)
    # 存储每个位置的对应坐标
    poslist.append((x,y))
    # 每 4 幅图换行，x 坐标回到 0，y 增加 150
    if a%4==0:
        x = 0
        y+=150
    else:
        # 同一行，y 坐标不变，x 增加 150
        x+=150
```

```
# 追加最后一个空位置的坐标
poslist.append((x,y))

# 生成随机座位表，打乱图像位置
nums = list(range(1,17))   # 按顺序排的座位表
# 座位表打乱
random.shuffle(nums)

# 游戏运行，主循环
while True:
    # 根据 nums 座位表对号入座
    for a in range(0,len(nums)):
        for b in rectlist:
            # 根据图像编号找到对应的座位
            if b.index == nums[a]:
                b.rect.topleft = poslist[a]
  #-------------------------------------------------------
  screen.fill(color_white)  # 将窗口背景填充为白色
  rectlist.draw(screen)
  pygame.display.update()  # 刷新窗口
  # 判断游戏结束
  if nums == list(range(1,17)) :
      Tk().wm_withdraw()  # 隐藏 TK 主窗口
      messagebox.showinfo('success',' 恭喜你 !')
      break
  # 事件响应，滑动图片
  for event in pygame.event.get():
      if event.type == pygame.QUIT:
          pygame.quit()
          os._exit(1)
          break
      elif event.type ==pygame.MOUSEBUTT ONDOWN:
          mouse_pos = pygame.mouse.get_pos()  # 鼠标单击位置坐标
```

```
for b in rectlist:
    # 检测一个点是否包含在该 Rect 对象内
    if b.rect.collidepoint(mouse_pos):
        # 单击的图片在 nums 中的索引值，找座位
        r = nums.index(b.index)
        # 右边是空位 ,r+1<16 防止数组越界
        if r+1<16 and nums[r+1]==16 and (r+1)%4!=0:
            nums[r],nums[r+1] = nums[r+1],nums[r]
        # 左边是空位，r-1>=0 防止数组越界
        elif r-1>=0 and nums[r-1] ==16 and (r+1)%4!=1:
            nums[r],nums[r-1] = nums[r-1],nums[r]
        # 下方是空位
        elif r+4<16 and nums[r+4]==16:
            nums[r],nums[r+4] = nums[r+4],nums[r]
        # 上方是空位
        elif r-4>=0 and nums[r-4] ==16:
            nums[r],nums[r-4] = nums[r-4],nums[r]
```